未来50年
The Next Fifty Years

[美] 约翰·布罗克曼 编　李泳 译

John Brockman

U0756435

湖南科学技术出版社

图书在版编目（CIP）数据

未来50年 /（美）约翰·布罗克曼编; 李泳译. — 长沙: 湖南科学技术出版社, 2018.1（2025.9重印）
（第一推动丛书. 综合系列）
ISBN 978-7-5357-9440-6
Ⅰ.①未… Ⅱ.①约…②李… Ⅲ.①未来学—通俗读物 Ⅳ.① G303-49
中国版本图书馆 CIP 数据核字（2017）第 210845 号

The Next Fifty Years
Copyright ©2002 by John Brockman
Chinese translation copyright by Hunan Science & Technology Press.
Published through arrangement with Brockman, Inc.
All Rights Reserved

湖南科学技术出版社通过美国布罗克曼公司获得本书中文简体版中国大陆独家出版发行权
著作权合同登记号 18-2016-110

WEILAI 50 NIAN
未来50年

编者
[美] 约翰·布罗克曼
译者
李泳
出版人
潘晓山
责任编辑
吴炜 戴涛 陈刚 杨波
装帧设计
邵年 李叶 李星霖 赵宛青
出版发行
湖南科学技术出版社
社址
长沙市芙蓉中路一段 416 号
泊富国际金融中心
网址
http://www.hnstp.com
湖南科学技术出版社
天猫旗舰店网址
http://hnkjcbs.tmall.com
邮购联系
本社直销科 0731-84375808

印刷
长沙超峰印刷有限公司
厂址
宁乡市金州新区泉洲北路 100 号
邮编
410600
版次
2018 年 1 月第 1 版
印次
2025 年 9 月第 8 次印刷
开本
880mm×1230mm 1/32
印张
9.25
字数
194 千字
书号
ISBN 978-7-5357-9440-6
定价
49.00 元

版权所有，侵权必究。

THE
FIRST
MOVER

总序

《第一推动丛书》编委会

　　科学，特别是自然科学，最重要的目标之一，就是追寻科学本身的原动力，或曰追寻其第一推动。同时，科学的这种追求精神本身，又成为社会发展和人类进步的一种最基本的推动。

　　科学总是寻求发现和了解客观世界的新现象，研究和掌握新规律，总是在不懈地追求真理。科学是认真的、严谨的、实事求是的，同时，科学又是创造的。科学的最基本态度之一就是疑问，科学的最基本精神之一就是批判。

　　的确，科学活动，特别是自然科学活动，比起其他的人类活动来，其最基本特征就是不断进步。哪怕在其他方面倒退的时候，科学却总是进步着，即使是缓慢而艰难的进步。这表明，自然科学活动中包含着人类的最进步因素。

　　正是在这个意义上，科学堪称为人类进步的"第一推动"。

　　科学教育，特别是自然科学的教育，是提高人们素质的重要因素，是现代教育的一个核心。科学教育不仅使人获得生活和工作所需的知识和技能，更重要的是使人获得科学思想、科学精神、科学态度以及科学方法的熏陶和培养，使人获得非生物本能的智慧，获得非与生俱来的灵魂。可以这样说，没有科学的"教育"，只是培养信仰，而不是教育。没有受过科学教育的人，只能称为受过训练，而非受过教育。

　　正是在这个意义上，科学堪称为使人进化为现代人的"第一推动"。

　　近百年来，无数仁人志士意识到，强国富民再造中国离不开科学技术，他们为摆脱愚昧与无知做了艰苦卓绝的奋斗。中国的科学先贤们代代相传，不遗余力地为中国的进步献身于科学启蒙运动，以图完成国人的强国梦。然而可以说，这个目标远未达到。今日的中国需要新的科学启蒙，需要现代科学教育。只有全社会的人具备较高的科学素质，以科学的精神和思想、科学的态度和方法作为探讨和解决各类问题的共同基础和出发点，社会才能更好地向前发展和进步。因此，中国的进步离不开科学，是毋庸置疑的。

　　正是在这个意义上，似乎可以说，科学已被公认是中国进步所必不可少的推动。

　　然而，这并不意味着，科学的精神也同样地被公认和接受。虽然，科学已渗透到社会的各个领域和层面，科学的价值和地位也更高了，但是，毋庸讳言，在一定的范围内或某些特定时候，人们只是承认"科学是有用的"，只停留在对科学所带来的结果的接受和承认，而不是对科学的原动力——科学的精神的接受和承认。此种现象的存在也是不能忽视的。

　　科学的精神之一，是它自身就是自身的"第一推动"。也就是说，科学活动在原则上不隶属于服务于神学，不隶属于服务于儒学，科学活动在原则上也不隶属于服务于任何哲学。科学是超越宗教差别的，超越民族差别的，超越党派差别的，超越文化和地域差别的，科学是普适的、独立的，它自身就是自身的主宰。

　　湖南科学技术出版社精选了一批关于科学思想和科学精神的世界名著，请有关学者译成中文出版，其目的就是为了传播科学精神和科学思想，特别是自然科学的精神和思想，从而起到倡导科学精神，推动科技发展，对全民进行新的科学启蒙和科学教育的作用，为中国的进步做一点推动。丛书定名为"第一推动"，当然并非说其中每一册都是第一推动，但是可以肯定，蕴含在每一册中的科学的内容、观点、思想和精神，都会使你或多或少地更接近第一推动，或多或少地发现自身如何成为自身的主宰。

再版序
一个坠落苹果的两面：
极端智慧与极致想象

龚曙光
2017年9月8日凌晨于抱朴庐

连我们自己也很惊讶，《第一推动丛书》已经出了 25 年。

或许，因为全神贯注于每一本书的编辑和出版细节，反倒忽视了这套丛书的出版历程，忽视了自己头上的黑发渐染霜雪，忽视了团队编辑的老退新替，忽视好些早年的读者，已经成长为多个领域的栋梁。

对于一套丛书的出版而言，25 年的确是一段不短的历程；对于科学研究的进程而言，四分之一个世纪更是一部跨越式的历史。古人"洞中方七日，世上已千秋"的时间感，用来形容人类科学探求的速律，倒也恰当和准确。回头看看我们逐年出版的这些科普著作，许多当年的假设已经被证实，也有一些结论被证伪；许多当年的理论已经被孵化，也有一些发明被淘汰……

无论这些著作阐释的学科和学说，属于以上所说的哪种状况，都本质地呈现了科学探索的旨趣与真相：科学永远是一个求真的过程，所谓的真理，都只是这一过程中的阶段性成果。论证被想象讪笑，结论被假设挑衅，人类以其最优越的物种秉赋——智慧，让锐利无比的理性之刃，和绚烂无比的想象之花相克相生，相否相成。在形形色色的生活中，似乎没有哪一个领域如同科学探索一样，既是一次次伟大的理性历险，又是一次次极致的感性审美。科学家们穷其毕生所奉献的，不仅仅是我们无法发现的科学结论，还是我们无法展开的绚丽想象。在我们难以感知的极小与极大世界中，没有他们记历这些伟大历险和极致审美的科普著作，我们不但永远无法洞悉我们赖以生存世界的各种奥秘，无法领略我们难以抵达世界的各种美丽，更无法认知人类在找到真理和遭遇美景时的心路历程。在这个意义上，科普是人类极端智慧和极致审美的结晶，是物种独有的精神文本，是人类任何其他创造 —— 神学、哲学、文学和艺术无法替代的文明载体。

在神学家给出"我是谁"的结论后，整个人类，不仅仅是科学家，包括庸常生活中的我们，都企图突破宗教教义的铁窗，自由探求世界的本质。于是，时间、物质和本源，成为了人类共同的终极探寻之地，成为了人类突破慵懒、挣脱琐碎、拒绝因袭的历险之旅。这一旅程中，引领着我们艰难而快乐前行的，是那一代又一代最伟大的科学家。他们是极端的智者和极致的幻想家，是真理的先知和审美的天使。

我曾有幸采访《时间简史》的作者史蒂芬·霍金，他痛苦地斜躺在轮椅上，用特制的语音器和我交谈。聆听着由他按击出的极其单调的金属般的音符，我确信，那只留下萎缩的躯干和游丝一般生命气息的智者就是先知，就是上帝遣派给人类的孤独使者。倘若不是亲眼所见，你根本无法相信，那些深奥到极致而又浅白到极致，简练到极致而又美丽到极致的天书，竟是他蜷缩在轮椅上，用唯一能够动弹的手指，一个语音一个语音按击出来的。如果不是为了引导人类，你想象不出他人生此行还能有其他的目的。

无怪《时间简史》如此畅销！自出版始，每年都在中文图书的畅销榜上。其实何止《时间简史》，霍金的其他著作，《第一推动丛书》所遴选的其他作者著作，25年来都在热销。据此我们相信，这些著作不仅属于某一代人，甚至不仅属于20世纪。只要人类仍在为时间、物质乃至本源的命题所困扰，只要人类仍在为求真与审美的本能所驱动，丛书中的著作，便是永不过时的启蒙读本，永不熄灭的引领之光。

虽然著作中的某些假说会被否定，某些理论会被超越，但科学家们探求真理的精神，思考宇宙的智慧，感悟时空的审美，必将与日月同辉，成为人类进化中永不腐朽的历史界碑。

因而在25年这一时间节点上，我们合集再版这套丛书，便不只是为了纪念出版行为本身，更多的则是为了彰显这些著作的不朽，为了向新的时代和新的读者告白：21世纪不仅需要科学的功利，而且需要科学的审美。

当然，我们深知，并非所有的发现都为人类带来福祉，并非所有的创造都为世界带来安宁。在科学仍在为政治集团和经济集团所利用，甚至垄断的时代，初衷与结果悖反、无辜与有罪并存的科学公案屡见不鲜。对于科学可能带来的负能量，只能由了解科技的公民用群体的意愿抑制和抵消：选择推进人类进化的科学方向，选择造福人类生存的科学发现，是每个现代公民对自己，也是对物种应当肩负的一份责任、应该表达的一种诉求！在这一理解上，我们将科普阅读不仅视为一种个人爱好，而且视为一种公共使命！

牛顿站在苹果树下，在苹果坠落的那一刹那，他的顿悟一定不只包含了对于地心引力的推断，而且包含了对于苹果与地球、地球与行星、行星与未知宇宙奇妙关系的想象。我相信，那不仅仅是一次枯燥之极的理性推演，而且是一次瑰丽之极的感性审美……

如果说，求真与审美，是这套丛书难以评估的价值，那么，极端的智慧与极致的想象，则是这套丛书无法穷尽的魅力！

引言

约翰·布罗克曼

纽约

2001 年 9 月

　　1999 年，我发表了一篇题为《第三文化》的文章，我在文章里提出一个观点：一个新的文化，一个大众的文化，已经出现了。它包括"那些科学家和经验世界的思想家，他们通过自己的工作和通俗的作品，生动表现了我们生活的更深层的意义，重新界定我们是谁、是什么。他们正在取代传统知识分子的地位"。

　　科学是大新闻，而提出大问题的人正是科学家。科学家通过他们的书和文章而成为新的大众的知识分子，成为新的大众文化的领头人。《未来 50 年》描绘了这个新文化的若干侧面。

　　展现在这里的文章，并不是站在边缘来讨论旧式的知识文化；这本科学家群体的作品集中讨论的是影响我们星球上每个人生活的那些发展。看看当今世界的那些出版物在说什么吧：干细胞研究、克隆、人类基因序列、人工智能、天体生物学、量子计算……这些话题（还有作品）必然都是跨学科的。在过去的十年里，越来越多的人在读科学家（包括本书的一些作者）写的书，原因之一是科学家被逼着用其他学科的同行能懂的语言来写东西。于是，受过普通教育的读者也能从中获益，因为在科学家担负起我们时代的大问题时，他也能参与进来，站在他们的肩膀上。

在这个文化里，在这本书里，科学家并不是为了迎合大众才写得普及的，他们那样写，是为了吸引我们时代的论战中的其他学科的同行们。他们的目标不是科学的普及，而是一种努力的尝试，为的是不仅让广大的读者理解最新的科学研究，而且在科学本身的意义下把它说得通俗易懂。

换句话讲，对于我们日常生活里出现的问题，这些文章的作者并不一定能提出比普通人"更好的"答案。关键的区别在于他们所提问题的质量。

这25篇原创论文的主题和出发点是作者各自领域的"未来50年"。未来半个世纪的科学进步将如何改变我们的世界？如何改变关于我们是谁和是什么的问题？在每一个领域或学科，我们能期待哪些成果？它们又将如何影响和跨越其他学科？哪些期望是不现实的？哪些可能令人惊奇地改变我们的观念？

本书汇集了一篇篇有思想、有挑战的文章，一次次理性的历险。作者是25个一流的科学家，他们常常通过书籍和文章向大众普及他们的科学。他们是，生物学家 Richard Dawkins，Paul W.Ewald，Brain Goodwin，Stuart Kauffman 和 Robert M.Sapolsky；化学家 Peter Atkins；心理学家 Paul Bloom，Mihaly Csikszentmihalyi，Nancy Etcoff，Alison Gopnik，Judith Rich Harris 和 Geoffrey Miller；心理学和计算机专家 John H.Holland；心理学和人工智能专家 Roger C.Schank；神经

学家 Samuel Barondes，Marc D.Hauser 和 Joseph Ledoux；计算机专家 David Gelernter 和 Jaron Lanier；MIT 人工智能实验室主任 Rodney Brooks；数学家 Ian Stewart 和 Steven Strogatz；天文学家 Martin Rees；还有理论物理学家 Paul Davies 和 Lee Smolin。

第一部分"从理论上"探索未来。内容包括：宇宙学进展，"虚拟非现实系统"在数学的应用，复杂性理论新方向，关于"活着"的意义，关于我们如何学习，如何思想，关于我们意识的本质，关于我们如何感觉，以及我们是否因为是宇宙中唯一的智慧生命而感到孤独。

第二部分"从实践"来看未来。内容包括：DNA 排序的未来以及它所能告诉我们的关于我们自身的东西，火星探测与地外生命，我们对物质的控制，我们与机器特别是计算机的密切关系，虚拟空间的未来蓝图，神经科学，我们培养孩子的方式，我们不断进步的身体和精神的幸福前景。

我们正在穿越急剧变化的认识论的海洋。我们手握着威力空前巨大的新工具。正如牛津的生物学家杨（J.Z.Young）在 1951 年 BBC 电台的雷斯演讲里说的，我们在这个过程中也变成了那些工具。我们现在还缺乏一种能像技术改变我们那样飞快改变它自身前提的知识文化。

《未来 50 年》是这个改变的开始的一部分，在这里，经验论与认识论在碰撞，所有的事情都变得不同 —— 在这里，我们开始重新思考自身的本质，思考我们生活在怎样一个世界。那种协同的作用，存在于本书呈现的思想家们的工作中，也存在于他们为本书所写的文章里。

目录

1

未来的理论

宇宙的未来

L.斯莫林
Lee Smolin

我们被请来预言今后50年的科学状况。从过去几百年物理学和宇宙学前进的步伐来看,50年够长了;但要做一个到那时不显得那么愚蠢的预言,它似乎又太短了。回顾科学的历史,你会发现,人们提出的许多问题常常在后来的50年里就有了答案。不过,科学的进步一般总是缓慢的,我们今天大概还用着50年前的同行们用过的语言。

现在,让我们回过头来,看过去50年有些什么样的大问题。我个人看来,应该包括:

1)把原子核束缚在一起的强力的本质是什么?

2)决定放射性衰变的弱力的本质是什么?

3)宇宙的稳恒态模型对吗?或者,真的可能存在像盖莫夫(Gamow)和其他追随者们猜想的大爆炸吗?

4)质子和中子有内部结构吗?

5)为什么质子与中子存在很小的质量差,而电子比二者轻得多?为什么中微子没有质量? μ子是什么?谁让它来的?[1]

---

1. μ子是在宇宙线里发现的,除了质量大200倍,其他性质跟电子是一样的。它不是理论需要和预言的,所以理论家I.I. Rabi(诺贝尔物理学奖获得者)问,"谁让它来的?"——本书所有的注释都是译者添加的,以下不再说明。

6）广义相对论与量子理论有什么联系？

7）理解量子理论的正确路线是什么？

我想我们可以自信地说，我们现在知道前4个问题的答案。我们还在为后面3个问题努力。不过，我们也没忘记已经回答了的问题；实际上，回答那些问题的方法形成了我们今天培养理论物理学家的基础。

然而，如果倒退100年，我们会发现，人们那时提出的许多问题，今天已经不再有人关心了。我不是一个够格的历史学家，不能列举物理学家们在20世纪之交提出的问题，不过他们很可能更关心以太的性质，而不太关心原子的性质。过了几年之后才会出现物理原子存在的证据 —— 实际上，在1900年，很多物理学家并不相信原子的存在。另一些人，如马赫（Ernst Mach），认为这不属于物理学问题，因为原子是永远也观测不到的。至于天文学，1900年还没有证据说明存在远离我们银河系的星系，也没有人想过恒星为什么发光。所以，虽然20世纪50年代初的物理学家可能理解今天的物理学家的问题，但物理学家在50年代相互交流的语言，大概没有哪个20世纪初的人能听懂。

有时，科学在50年间的变化很小，所以需要我们预测在那以后将知道些什么。但是，也有些时期，科学飞速发展，那样的预测也就不需要了。在未来50年和100年间的某个地方，似乎存在一条地平线，超过那条线，关于科学进步的任何具体的猜想都将失去意义。

让我们歇息片刻，想想为什么会那样。部分原因可能是，50年大约等于一个科学家从开始研究到退休的时间，因而也是他们的科学生涯产生保守倾向的时期，这种倾向反过来会拖科学进步的后腿。科学是艰难的，我们科学家喜欢尽可能理解自己所做的事情；于是，除非迫不得已，我们总是愿意用我们已经认识了的思想和技术。另一个原因是，青年科学家的经历常常受临近退休的前辈的控制，那些老人在许多时候已不再活跃，因而不熟悉新的技术。精明的研究生不论多有想象力，也不敢大胆做本领域的权威老人们所不理解的事情。于是，为了思考我这个学科在50年后像什么样子，我想象我那些最聪明的研究生在他们的退休晚会上可能谈些什么。我猜想，假如没有什么解释不了的事实，他们掀不起20世纪初那样的革命，他们还会继续运用我们教给他们的语言。如果那样，现在的训练还是有用的——尽管我们中间的浪漫主义者更盼望一场革命，而不仅仅满足于对我们信仰的证明。

我们还可以想想，推动20世纪前50年科学取得那样巨大进步的社会背景有什么不同的地方。我想到了两个可信的答案：一个是，像爱因斯坦和埃伦菲斯特（Paul Ehrenfest）那样的"门外汉"，尽管没有大学职位，也能发表他们的东西；另一个是，量子理论创立者的前辈们多数被第一次世界大战耽误了，为海森伯、狄拉克和他们的朋友留下了广阔的天地。

那么，未来50年里，关于基础物理学和宇宙学我们将知道些什么呢？我不做猜想了，而是提出一种方法，它可能得到在2050年看来不那么愚蠢的结果。我先列出今天还没回答的几个最基本的问题，然后谈谈能对这些问题的答案做出检验的实验和观测科学将有哪些可以预料的进步。我不担心理论的发展，因为我所列的所有问题都已经提出了理论的回答，我想在50年的时间里，我们理论家能够调整自己的理论，或者创立新的理论来满足实验和观测的数据。

　　下面就是我列出的7个最重要的基础物理学和宇宙学的问题。

1）现在形式的量子理论正确吗？它是否需要修正，要么达到一个合理的物理学解释，要么跟相对论统一起来？

2）引力的量子理论是什么？普朗克尺度下（10^{-33}厘米，比原子核还小20个数量级）的空间和时间有什么结构？

3）决定基本粒子性质的那些参数的准确数值，包括它们的质量和相互作用的力的强度，由什么来解释？

4）用什么来解释我们看到的巨大数量级的比值？为什么两个质子间的引力比它们之间的电斥力小10^{40}？为什么宇宙那么大？为什么它至少比基本的普朗克尺度大60个数量级？为什么宇宙学常数比物理学中的其他参数几乎小同样多的数量级？

5）大爆炸是什么？从大爆炸中产生的宇宙的性质由什么决定？大爆炸是宇宙的起点吗？如果不是，在它之前发生过什么？

6）占宇宙密度80%到95%的暗物质和暗能量是由什么组成的？

7）星系是怎么形成的？我们观测的星系分布图像能告诉我们宇宙早期演化的什么情况？

　　前面4个问题从50年前就开始不断被提出、深化，没有结果。其余3个问题是新的。现在我们来看，我们在2050年进行的观测和实验是否足以检验理论家们为这些问题提出的答案。当然，在50年里什么事情都可能发生。不过，为了使我的方法更可信一些，我们只好在技术进步方面保守一点。所以，我只考虑已经存在和正在发展的技术。在后一种情形，我只考虑绝大多数专家认为可能在近些年产生作用的技术。不过，每一种技术，不论现有的还是在发展中的，我都假定它在未来50年里将只受物理学定律和经济条件的限制，而得到尽可能的发展。普通的显微镜存在光线波长的自然极限，而望远镜的自然极限来自有限年龄的宇宙中的有限的光速。其他技术可能更多受财政方面的限制。我们可以放心地假定，没有哪个实验（在那时）的消耗能超过美国的国防预算。不过我得赶紧声明，我不是实验物理学或观测宇宙学的专家，我没有认真研究过有关的技术极限。所以我的估计必然是夸大的。如果现有技术能发展到它们在自然和财政的极限状态，那么，下面就是我对未来50年的希望。

我们可以从量子理论说起。今天正发展着强大的新技术 —— 主要是帮助发展量子计算机的技术，有可能极大地扩张我们过去实验检验量子理论的范围。它们是一些宏观机器，利用量子效应（如叠加和缠绕）来做普通计算机不可能做的计算。[1] 量子计算机要求那些目前只在原子系统观测过的量子效应为计算机线路那样的宏观系统服务，所以，那些机器能检验量子理论的那些最不同于经典理论的预言。

---

1. 我们知道，每个量子态都是若干（甚至无穷多个）状态的叠加，换句话说，它在同一时刻可以处在不同的状态。我们可以想象，假如计算机能同时处理多个状态，进行多个计算，它的威力该比0-1态的传统计算机大多少啊！ 2001年6月，一个丹麦科学家小组宣布他们发现了宏观气体的缠绕（entanglement，或译牵连、缠结，似乎还没有习惯说法）（Julsgaard et al.,*Nature*, 27 September 2001），这是量子力学的奇妙现象：测量一个物体可以同时影响另一个与之没有牵连的独立物体。

人们已经看到，量子计算机能破译现在政府、军队和商务使用的所有密码，所以金钱会源源不断地向量子计算机涌来。于是我们可以大胆地猜想，只要量子力学外推到宏观系统也是正确的，未来50年里会出现量子计算机，而且很可能出现利用在全世界无限延展的量子态的量子通信手段。另外，假如今天的量子理论只是某个更深的理论的近似，量子计算机的实验也可能证明这一点。因此，我们有理由相信，从现在开始的50年里，我们将知道第1个问题的答案。

我们接着来看宇宙学。到21世纪中叶的时候，通过全波段电磁光谱的观测，加上中微子、宇宙线和引力波，我们一定能有一幅详细的宇宙历史的图像。现在的宇宙模型里的参数将在很高的精度上得到测量，我们还将知道宇宙的许多其他事实，如黑洞的数量，恒星、星系、黑洞、中子星、类星体、γ射线源和其他天体在时间和空间的分布。实际上，我们那时对宇宙的详细历史和性质可能比我们今天对我们行星表面的历史，知道得更多。至少，就全方位熟悉宇宙的现象来说，我们可能真的"认识到家"了。

结果将极大约束今天流行的关于早期宇宙的理论，如暴胀理论。关于星系如何形成，星系团和超星系团的模式如何形成，我们也将有一个具体的图像。即使不能直接观测暗物质，那些观测也将约束我们关于暗物质和暗能量本质的理论。到21世纪中叶的时候我们也许已经直接观测到了暗物质和暗能量，充分认识了它们，能证明或否定为它们提出的形形色色的理论；当然，我们也许什么也做不到。[1]

　　有读者会问，是不是所有那些观测都能证明大爆炸理论？为回答这个问题，我们需要区别大爆炸宇宙学的两种意义。我把第一种叫膨胀宇宙的宇宙学：这个理论说，宇宙从一个致密炽热的状态开始，已经膨胀了大约130亿年。在这一历史过程中，关键的一个事件是光与物质的分离，发生在宇宙冷却到原子能稳定下来的时候。在那之前大约100万年，宇宙像星体内部一样充满了等离子体。经过那个转变，宇宙充满了非常稀薄的气体，光可以通过，天变得透明，我们今天看见的所有结构 —— 恒星、行星、星系和星系团 —— 都形成了。而且，几乎所有的化学元素也都是从这个转变开始在恒星里形成的；只有氦和几种轻元素（如氘和锂）是在它们之前形成的。这样的图景，我想在未来50年里不太可能有什么修正。我们会更多地了解恒星、星系和元素的形成过程，但所有的证据仍然会支持这个膨胀宇宙的理论。

　　我们还可以满有把握地说，我们的观测将极大影响我们关于极早期宇宙历史的理论。如果让时钟倒转，宇宙的密度和温度会增大。有趣的问题是，回到什么时候我们才能通过观测来决定我们的理论。到21世纪中叶，面对检验的那部分理论可能至少要回到普朗克时间，那是一个极小的时间单位，10^{43}个那样的间隔才等于1秒。我们来看一个暴胀假说的例子。在一系列合理的假定下，这个理论的预言可以通

---

1. 最近有一些关于暗物质的发现，例如，在类星体周围发现了暗物质晕；暗物质可能聚集在我们星系的周围，像普通的恒星、行星和星际尘埃那样运动；凡是物质聚集的地方，暗物质的质量似乎总是物质质量的7倍（至少在星系的尺度上是这样的）。关于暗物质，目前还面临着一个挑战是区别不同的类型，如点状的neutralino（超对称理论预言的中性粒子，比质子重100 —— 500倍）和延展的Q-ball（超夸克或超轻子的集合）。

过今天宇宙微波背景的涨落的观测来检验。这些观测是现代科学的伟大贡献之一。不过，即使今天的观测能与暴胀理论相容，仍然存在许多没有解决的问题。暴胀的预言很简单，同样可以包含在其他理论中，所以，为了将暴胀跟今天事实的其他可能的有竞争力的解释区别开来，我们还需要更详细的测量。另外，暴胀理论有许多不同的形式，当然也需要更进一步的测量来区别它们。我们希望能在5年而不是50年里拥有宇宙微波背景的更详细的观测。因此，我们有理由预言（当然也说不定），半个世纪以后，如果谁还想着可以通过回到遥远的普朗克时间进行观测来检验膨胀宇宙的理论，那就太落伍了。

但普朗克时间还不是时间的起点。跟膨胀宇宙理论迥然不同的还有另一种说法：大爆炸是宇宙的绝对开端。即使我们知道在某个理论起点过后若干分之一秒的遥远过去，宇宙更热也更密，也并不能证明在那之前不曾发生过推动宇宙膨胀的事情。所以，仍然有那样的可能：在理论的"大爆炸"瞬间之前，宇宙也许以不同的形式存在了很长的时间。为了鉴别这些不同的假说，我把它们称作宇宙起源的理论。

现在研究的宇宙起源理论有几个，都跟膨胀宇宙理论相容，从而也跟目前所有的观测结果相容。其中的一些，如哈特尔（Hartle）和霍金的"宇宙波函数"预言（更恰当说，是假定），认为大爆炸是时间的真正起点。另外的一些则认为新宇宙是在黑洞的坍缩中创生出来的，它们预言在大爆炸之前还有一个宇宙，而那时发生的事情决定了从大爆炸生出的宇宙的性质。大爆炸之前是否存在过什么，在这一点上我们也许能（但没有一点儿把握）拿出证据来约束那些理论。只有用引力波来探测最初膨胀时的宇宙，我们才可能获得那些证据。别的任何东西都不可能做到，因为初始的宇宙对任何形式的辐射都是不透明的，只有引力波例外。引力波天文学在发展着，但至今还没发现引力波（引力波由美国科学家在 2016 年宣布被 LIGO 探测到 —— 编者注）。有许多案头的空间引力波探测器计划，原则上能用引力波为普朗克时间下的宇宙拍摄系列快照，从而区分不同的宇宙起源理论。到 21 世纪中叶时，这些技术也许能实现，但也说不定。

现在我们来谈基本粒子物理学。这里的限制来自经济。如果加速器技术没有突破，我们就不会制造比正在建造中的预算几十亿美元的加速器更加强大的机器。因为，加速器的能量是以对数方式随经费增加的，为了获得多 10 倍的能量，必须多花 100 倍的钱。因此，我们可以预言，到 21 世纪中叶时，除非有什么新的技术发明，我们能探测的能量最多比今天高两三个数量级（探测的空间尺度相应地小两三个数量级）。不过，即使这样不紧不慢地进步，也能带来很多发现，如希格斯（Higgs）玻色子 —— 人们相信我们观测到的所有粒子都是通过它来获得质量的。我们还应该能证明或者否定超对称性假说，那是弦理论的基本要素。所有这些都很重要，但距离普朗克尺度还差 15 个数量级呢 —— 为了直接检验引力的量子理论，那是我们必须探测的尺度。那么，这是否意味着像弦理论和圈量子引力那样的候选量子引力理论在未来 50 年仍然不能落实呢？[1]

也许不是的！新技术已经有可能探测普朗克尺度了。原来是这样的：有些引力的量子理论预言空间和时间具有离散的原子式的结构。

---

1. 物理学的无穷大有两个来源：点粒子假定和微扰论方法。弦理论将点粒子推广为可以延展的多维物质基元（如一维的弦和二维甚至更高维的膜），而圈量子引力是一个非微扰的理论。

假如真是那样，光子通过空间的路线会发生改变 —— 就像光线通过水时会发生散射和折射。这个效应极微弱，但能累加起来：假如光子经过很长的距离，小效应可以放大。幸运的是，我们很容易观测到那些来自高能事件（如 γ 射线爆发）的旅行了几十亿光年的光子。在这些和其他几种情形，我们完全可能观测某些量子引力理论预言的效应。实际上，已经有人提出，在甚高能宇宙线行为里观测到的某些效应，就可以用普朗克尺度下空间的量子时空结构的效应来解释。

　　应该强调一点，我这里说的观测，是为其他目标而设计的卫星所做的观测。在未来的10年，等我们有了为自己目标而设计的卫星，就可以探测普朗克尺度了。为了推进这些实验，我们需要提高探测器的精度，而据我所知，高能光子探测器的精度没有自然或经济的限制，因而新的方法可以无限地用来探测普朗克尺度的时空结构。就宇宙线而言，还是存在经济约束：随能量增大，宇宙线越来越少。所以，为了探测更高的能量，需要更大的探测器。然而，计划或建设中的探测器的研究范围，已经足以区分不同的量子引力理论；当然，好数据还是要等到2050年。

　　被认为最有可能成为引力的量子理论的候选者的弦理论，因为几乎没有做出可以检验的预言而遭到许多批评。然而它确实做出过几个预言，而且其中一个还跟这样的观测结果有关 —— 那就是，结果必须与具有光滑结构的空间一致。这是所谓洛伦兹不变性理论的对称性所要求的。其他的量子引力理论预言那种对称性是破缺的，或者被某些小效应改变了。这些不同理论的不同预言完全落在新实验能够检验的范围内。于是，过不了几年，弦理论或它的某个竞争者就可能被观测清除出局。

　　通过对实验潜力所做的匆匆考察，我们可以得到下面几点结果。我们可能会有很好的数据来决定前2个和后3个问题的答案，也就是关于量子理论和量子引力的问题，以及关于宇宙学和天体物理的问题。我们可能有，也可能没有检验宇宙起源理论的数据。引力波天文学可能揭示来自大爆炸之前的宇宙纪元（如果真有那样的一个时间）的信息；不过，考虑到今天引力波天文学的摇摆不定，这一点还说不准。

　　那么，还剩下两个问题，第3个和第4个。它们问的是粒子物理学的参数，如基本粒子的质量和它们之间的相互作用的强度，为什么会有那样的数值。情况还不清楚。我们已经有了许多相关的数据，但现在还回答不了这些问题。下一代粒子加速器可能检验的那些粒子物理学进展，也许能帮助我们理解为什么基本粒子有那样的质量和相互作用。但是，多探测几个数量级是不是就足以解决那些问题了，还很难说。

　　也许出现另一种情形：这些问题都能用引力的量子理论来回答。这是弦理论的初衷，不过至今它还没有走上路来。目前的理论证据反倒说明，像弦理论那样的引力的量子理论似乎能与很多可能的基本粒子的性质相容。这是因为，我们寻求的答案所关心的是一个特殊理论的哪个解描绘了宇宙，而不是选择哪个可能的理论是正确的。每个理论似乎都有很多解，而每个解都描写一个可能的宇宙。

　　这就把有些人引向了存在多个宇宙的理论。或者说，只有一个宇宙，但包括了许多区域，每个区域都跟我们的宇宙相似。每个区域都从大爆炸开始，然后膨胀，生成物理学原理决定的结构。大体上说，有两种类型的多宇宙理论。第一种只假定世界由大量宇宙组成，每一个宇宙里的自然定律（或至少是它们的参数）都是随机产生的。我们一般把这种观点称作人存原理。第二种理论假定了一个过程，在那个过程中，新宇宙是作为黑洞形成的结果而产生的。这个所谓的宇宙自然选择的理论很像进化论的生物学，因为最普遍的宇宙是那些自我复制最多的宇宙。

在这些理论中，人存原理是完全不可能检验的，而自然选择假说有可能被证伪却不可能被证明——至少，在今天的技术条件下是这样。为了证明而不是否定那个理论，我们需要探测大爆炸之前的时间。引力波也许能为我们做到这一点，但正如我说过的，那可能是50年以后的事情了。所以，尽管自然选择的思想也许能经受2050年以前的一切考验，但它不会得到证明。

当然，新的思想和技术的出现也许会极大改变这种状况。不过我们已经说过要保守一点，只考虑现有的思想和技术。假如要我在保守分析的基础上大胆猜测，我想在50年后我们至少能回答上面提出的7个问题里的5个。至于我们能否回答问题3和问题4，任何人都可以有自己的猜想。就是说，我们也许能知道引力的量子理论，认识大爆炸的本质，发现并认同量子理论的正确形式，但我们还是不能回答早在20世纪30年代就提出的那个简单问题：为什么质子和中子具有几乎相同的质量？为什么重一点儿的那个会是中子？

斯莫林（Lee Smolin）

斯莫林（Lee Smolin），理论物理学家，安大略沃特卢边缘研究所的创立者之一；《宇宙的生命与通向量子引力的三条途径》（*The Life of the Cosmos and Three Roads to Quantum Gravity*）[1] 一书的作者。

1.《通向量子引力的三条途径》，李新洲，翟向华，刘道军译，上海科学技术出版社，2003年3月。

我们孤独吗
我们在哪儿

M. 里斯

Martin Rees

　　未来50年最大的探索性挑战既不在物理学，也不在（地球的）生物学；它一定在寻找证明或者否定地外智能存在的确凿证据。我想，假如到2050年我们还不明白地球生命是怎么开始的，那就太奇怪了。那时候，即使没有来自地球以外的直接证据，我们也能估量其他行星曾经出现某些基本形式的生命有多大的可能。不过这紧跟着另一个看来更难对付的问题："假如简单生命出现了，那么是什么东西阻碍它进化成为我们认为有智慧的生命呢？"

　　在未来的10年里，我们要向火星发射一系列太空探测器，研究火星的表面，最后把样本带回地球。我们还有更长远的计划，用机器人探测器来研究太阳系的其他地方 —— 例如土卫六（Titan）的大气和木卫二（Europa）冰下的海洋。假如有哪个仪器发现在我们这个行星系统的另一个地方独立出现过哪怕最简单的生命，也意味着那种简单生命一定更广泛地存在于银河系和更远的星系。

　　今天没人指望在太阳系的其他地方存在"高等的"生命，但我们的太阳只不过是银河系几十亿颗恒星中孤零零的一颗。在其他恒星周围旋转的行星会不会栖息着比我们可能在火星发现的更有趣、更奇特的生命形式呢？那里是不是还生活着我们所谓的智慧生命呢？即使宇宙到处都有原始生命，高等生命也未必能出现。在这个问题上，我想不可知论大概是唯一理性的态度。我们对生命起源还知道得不够多 —— 至于自然选择是不是"趋同"，地球重新演化会不会产生全然不同的结果，我们知道的更少 —— 还说不清楚智能的"外星人"是可能还是不可能。

　　寻找来自地外智能生命的信号的努力，曾经很难得到公共的经费 —— 甚至不如一部科幻影片的票房税收 —— 这个话题总是讨厌地跟UFO等东西牵扯在一起。不过幸运的是，在一些爱幻想的人物的资助下，加利福尼亚SETI研究所[1]还在继续开展着他们的先驱性工作。

　　我对这些追寻很感兴趣，而且会一直坚持下去，尽管我相信成功的机会很小，因为其中混杂着显然的人为信号 —— 甚至像一串素数那样单调乏味的东西。我们当然不知道那信号究竟来自"有意识的"生物，还是来自早在信号发出之前就已经灭绝了的什么物种留下的机器。但是这种接触将证明逻辑和物理的概念在人类大脑以外的其他地方也出现过。假如我们知道一颗遥远的恒星也像我们的太阳一样照耀着一群伴随它的行星，其中的一颗有着跟我们地球一样纷纭复杂的生物圈，我们大概会怀着新的情感遥望它吧。

　　这些追寻当然也许注定会失败。这在某些方面肯定是令人失望的。当然，失败并不意味着不存在其他智能生物 —— 他们可能过着沉思

---

1. SETI就是Search for Extraterrestrial Intelligence（寻找地外智能）。这个计划从20世纪60年代就开始了。

冥想的生活，不愿做任何事情来表现他们的存在。另一方面，假如我们这个小小的地球真是智能生物的唯一居处，我们会大大增强在宇宙的自尊：跟银河系到处是复杂生命的情形相比，我们能坦然地以不那么卑微的宇宙观来看地球了。我们可以把地球看作"种子"，生命从它洒向整个空间。播种的时间是足够的，延伸10万光年的银河系，用不了我们从最早的灵长类生物走出来的时间，就能洋溢绿色的生机。太阳死的时候，将走过50亿年：那是地球从第一个多细胞有机物进化到今天的生物圈（也包括我们）所经历的时间的5倍。在那样漫长的世代里，也许还能出现更大的质的飞跃。未来的变化如果在人的指引下实际上会快得多，所以它们将发生在我们的文化和历史的时间尺度。我们不能预言生命最终会为自己塑造一个什么样的角色：它也许灭绝，也许兴旺起来，影响整个宇宙。后一种情形是科幻小说的话题，但是也不能因为荒唐而否定它。

从其他世界到其他宇宙？

假如我们回顾在20世纪所取得的成就，就不会觉得在未来50年确立上面说的某些猜想是什么可怕的事情。100年前，星星为什么闪烁都还是一个谜。那时，我们把银河当作一个静态的系统，根本没想到它的外面还会有什么东西。最近30年来，空间探测器发回了我们太阳系的所有行星的图片；通过巨大的望远镜，天文学家看到了比过去更加遥远的太空深处。我们的宇宙图景比我们能看见的最远的恒星还远几百万倍——来自最远的星系的光需要经过100亿年才能到达我们地球。宇宙的历史可以回溯到开始的1秒钟之前。只有在宇宙膨胀的第一个百万分之一秒以前，只有在黑洞的内部，我们才能遭遇未知的基本物理学。

这些进步引出另一种可能的迷人图景：我们所谓的宇宙 —— 天文学家能探测的那个从大爆炸中产生出来的区域 —— 不可能是全部的实在。根据确定然而纯思辨性的假设，理论家们已经为多重宇宙描绘了蓝图。林德（Andrei Linde）、韦伦金（Alex Vilenkin）和其他一些人通过计算机模拟描绘了一个"永恒的"暴胀时期，在那个时期里，许多宇宙从不同的独立的大爆炸产生出来，形成互不相交的时空区域。古斯（Alan Guth）和斯莫林则根据不同的观点，提出新的宇宙可以从黑洞内部产生，扩张成一个新的我们无法接近的空间和时间的区域。[1]兰多（Lisa Randall）和桑德鲁（Roman Sundrum）猜想，其他的宇宙可以存在于跟我们分离的多余的空间维度里；那些互不相交的宇宙可能通过引力发生作用，否则它们之间就不会有任何相互的影响。用那个老式的类比说，如果气球的表面代表一个嵌在我们三维空间里的二维宇宙，那么其他的宇宙可以拿其他的气球表面来代表。在这样的一个表面上爬行的小虫，如果没有第三维的概念，不可能知道还有跟它一样的伙伴在别的气球表面爬行。其他的宇宙是跟我们分离的时间和空间的区域。我们甚至不能有任何意义地说它们是与我们同时存在，还是存在于我们之前或者之后；只有当我们能为所有的宇宙赋予同一个时间度量，那样的概念才会有意义。古斯和哈里森（Edward Harrison）甚至猜想，在实验室里让一堆物质坍缩成一个小

---

1. 古斯说，大爆炸理论并不是真正关于宇宙爆炸的理论，而是关于爆炸以后的宇宙的理论。它不能说明为什么爆炸，爆炸以前发生了什么。暴胀理论有可能回答宇宙膨胀的动力是什么，还可能回答宇宙的物质是从哪里来的。50年后，"我们可能知道哈勃常数的大小，知道宇宙的形状是开放的还是封闭的，知道宇宙的膨胀是否发生过变化，但是，我们也许还是不知道宇宙真正的起源。"

黑洞，也能生出一个宇宙来。我们的宇宙会不会正是其他宇宙的实验产物呢？斯莫林猜想，主宰儿女宇宙的定律可能烙下了在父母宇宙中流行的定律的印迹。假如真是那样，虚构的神学主题将披着新的外衣而复活，从而进一步抹去自然与"超自然"现象之间的虚假的界线。

在"多世界"的理论中还有平行宇宙，是埃弗雷特（Haugh Everett）和惠勒（John Wheeler）在20世纪50年代为了解决量子力学的某些疑难而首先提出的。这样的概念，科幻小说先驱斯塔普里顿（Olaf Stapledon）早就描绘过了，那是他的造星者更精心的一个创造：[1]

> 每当一个生命面对几种可能的行动路线时，它会全部接受下来，从而创造出许多 …… 不同的宇宙历史。因为在每一个宇宙的演化序列中都存在许多生命，而每一种生命都在不断面对着许多可能的路线，它们的所有路线的组合是数不清的，于是从每一个短暂的序列的每一个瞬间，落下来无限多个不同的宇宙。

这些图景没有一个是凭空幻想出来的，每一个都有严肃的（尽管假想的）理论根据。然而，它们最多只能有一个是对的。很可能没有一个是对的，还会存在别的恰好能带来一个宇宙的理论。

为了牢固树立起这些思想，我们还需要一个能和谐地描写宇宙开

---

1. William Olaf Stapledon（1886 — 1950）是英国科幻小说家，他的许多幻想成为后来科学家的思想来源；这里引的《造星者》（*Star Maker* (1937)）还启发 Freeman Dyson 提出了"戴森球"（Dyson sphere）的概念：一个人造的包围恒星的球壳，几乎能吸纳所有的辐射能量，人类生活在这样的球壳上才可能有足够的能源。

端的极端物理状态的理论 —— 在那个开端的时刻,我们今天的宇宙还是在量子涨落中波荡地挤压在一起的小东西 —— 换句话说,我们需要一个协调爱因斯坦的引力论(广义相对论)与微观亚原子世界的量子原理的理论。

　　爱因斯坦个人的最后30年都在追寻这样一个统一的理论,但是没有结果。刻薄的批评者认为他的后半生"最好去钓鱼"。现在我们知道他的追求太超前了,因为他还不知道核力和弱力,任何一个理论都必须把它们跟电磁作用统一起来。统一理论的挑战在21世纪很可能比它们在20世纪更加现实,现在似乎是向它们真正发起进攻的好时候了。但只是结合还不够,还必须有一个基础,好令人相信统一理论并不只是一个数学结构,而且还能用于我们身外的实在。假如我们所看到的事物 —— 如核力、电力和引力间的联系,如为什么仅有三种中微子 —— 都能用这个理论来解释,而且没有别的解释,那么我们对理论的信心也就树立起来了。在未来的几十年里,物理学家很可能建立一个这样的理论。那样的话,从牛顿以前开始,经过麦克斯韦、爱因斯坦和他们的后辈的那场理性的追寻,就走到尽头了。不过,假如它能发现宇宙为什么具有令我们某些人吃惊的特征,我会更加激动。

我们独特的热爱生命的宇宙

　　假如我们的宇宙里生活着异类的生命,他们也许会以跟我们截然不同的思维方式来理解和"整理"五花八门的实在。但是一旦建立起联络,我们一定会达成共同的兴趣。他们可能由同样的原子构成,遵从同样的物理学定律。假如他们也长着双眼,那里也有着明媚的天空,他们肯定会跟我们一样仰望星辰。我们为了自己的起源而追溯一个共同的创世纪——那个大约发生在130亿年前的大爆炸。

但是，不论我们的存在，还是异类生命（假如真有的话）的存在，都依赖于我们特别的与众不同的宇宙。一个适合生命的宇宙——我们也可以说一个热爱生命的宇宙——似乎一定是通过特别的方式组织起来的。任何形式的生命的先决条件，如稳定长寿的恒星、能结合成复杂分子的原子（例如碳、氧、硅）等，都强烈地依赖于物理学定律，依赖于宇宙的大小、组成和膨胀速率。假如大爆炸时留下的"配方"稍有不同，就不会生出今天的我们。许多配方的宇宙可能没有原子，没有化学，没有行星，还没出生就已经死了；还有些宇宙，可能太短命，太空虚，除了空空的一片，什么演化也不会发生。独特的配方似乎是一个根本的奥秘。

爱因斯坦关心的深沉问题是，"上帝在创造宇宙的时候有过什么选择吗？"他用诗的语言表达了这样的思想——统治我们宇宙的定律是否是唯一的（因为某个深层的数学理由），或者，原始的配方是否可以根本不同？假如我们的宇宙是一个基本理论的唯一结果，我们就必须接受一个铁的事实：宇宙是为了生命而特别组织起来的。另一方面，如果爱因斯坦的问题是肯定的，那么基本定律会有更多的可能：它们允许有很多的配方，产生很多不同类型的宇宙。整个的多重宇宙由一组基本原理来统治，但我们所说的自然定律（或至少它们的一部分）却只能是局部的律令，是我们那场特殊的大爆炸之后的最初瞬间的偶然的环境事件的结果。

我们可以拿雪花来做类比。所有雪花都有一点共同的地方：六边形对称。这种对称是构成雪花的水分子的形态产生的结果。但是很难找到两朵完全相同的雪花。每一朵雪花的花样都取决于它自己的历史。例如，在它通过形成它的云层的时候，周围的气温和压力以什么方式变化。同样，我们宇宙的某些特征也可能是大爆炸以后不同冷却方式的偶然结果，而不是整个多重宇宙留下的什么更深层、更基本的印迹。它像一块炽热的铁在冷却中磁化，而磁化的排列方式却依赖于一些随机因子。如果物理学家得到了令人信服的基本理论，它应该告诉我们自然的哪些方面是那个基本理论的直接结果（正如雪花的对称花样是水分子基本结构的结果），哪些是偶然事件的产物（如每朵雪花的不同花样）。

假如确实存在一个宇宙的集合（能描绘我们大爆炸起点的理论也许能解决这个问题），那么大多数的宇宙要么是荒芜的 —— 统治它们的定律排除了所有复杂的结构 —— 要么太小或者太短暂，不允许时间和空间有充分的演化来产生复杂。我们（以及可能存在的异类生命）会发现我们生在一个不寻常的小世界，这里的定律允许复杂的演化。我们宇宙的这种看似"精心设计"的特征不应该令我们有多么惊奇，更惊奇的是我们在宇宙的特殊位置。我们不应跟着哥白尼的"平凡原理"走得太远。我们发现自己生活在一颗拥有大气的行星，在一个特殊的距离围绕着它的太阳旋转，凭这些，它就是一个非常特殊的与众不同的地方。在空间随机选一个位置都会远离任何恒星 —— 很可能在星系间的某个虚空的空间，离最近的星系也有数百万光年。如果有很多宇宙，多数都不能居住，那么我们发现自己在一个可以居住的地方，一点儿也不应该奇怪。

总有一天我们会有一个令人信服的理论，它能告诉我们多重宇宙是否存在，某些所谓的自然定律是否只是我们这个宇宙小碎片的局部法则。即使在拥有那样的理论之前，我们也能通过下面的问题来检验这种"人择"的合理性：在可能产生我们的那个小宇宙集合中，我们这个现实的宇宙是不是典型的？假如即使在这样的集合里（不用说在多重宇宙的大集合里）它也是异乎寻常的，那么我们必须抛弃多重宇宙的假说。也可以从另一个方面来检验多重宇宙理论。我们考虑斯莫林的猜想：新宇宙诞生在黑洞的内部，儿女宇宙的物理学定律还保留着父母定律的记忆，仿佛有什么宇宙的遗传。如果斯莫林是对的，能产生更多黑洞的宇宙将具有更大的"生育优势"，而这优势还将遗传给下一代。如果我们的宇宙是这样一代代产生出来的，对生成黑洞来说，它应该接近最佳的状态。就是说，任何定律和常数只要有了丝毫的改动，黑洞就可能不那么好形成了。斯莫林的思想还没有得到具体理论的支持 —— 如物理信息（甚至时间箭头）如何从一个宇宙传递到另一个。我个人对它的复兴也不抱多大希望。不过，我们还是应该感谢斯莫林，他向我们说明多重宇宙的理论在原则上是可能被否定的。

这些例子说明，某些关于多个宇宙的要求，跟任何一个好的科学假说一样，是可能被拒绝的。[1] 我们不能满怀信心地说发生过多个大爆炸 —— 我们连自己宇宙的极早期历史都没有足够的认识。我们也不知道基本原理是否是多种多样的，解决这个问题是物理学家未来50年的挑战。但是，假如基本定律是多样化的 —— 假如它们允许各种

---

1. 这不是说我们要拒绝"好的科学假说"，而接受什么"坏的"。它的意思是，一个科学的假说应该具有能被否定的"素质"，否则它就不是好的科学假说（甚至是伪科学的）—— 这是著名的波普尔（K. Poper）的"证伪"观。

宇宙的创生 —— 那么，关于"我们的宇宙为什么那样"的所谓人择解释就合理了。实际上，对宇宙的某些重要特征，这将是我们所能得到的唯一一种解释。宇宙学的局部似乎会变成进化论的生物学。

　　我们传统意义的宇宙也许是许多大爆炸之一的产物，正如我们的太阳系不过是银河系里众多行星系统里的一个。池塘里冰晶的模式是偶然事件形成的，不是水的基本性质的结果；同样，某些看似不变的自然常数也可能是任意的，而不是基本定律唯一确定的。所以，为我们所谓的自然常数追寻精确的公式，可能终归是徒劳的，就像开普勒当年为行星轨道寻求什么精确的数字关联。[1]别的宇宙也许成为科学进程的一部分，正如"别的世界"已经存在好多世纪了。不管怎么说（在这里，科学家应该高兴地把领地让给哲学家），关于为什么事物存在 —— 为什么有宇宙而不是没有 —— 的认识，还在形而上学的领地里，而且一定会永远驻足在那里。

---

1. 行星轨道也许真的存在什么法则。人们在18世纪发现，如果用天文单位（日地距离）来计算，行星轨道大小之间存在这样的联系：$a_n = 0.4 + 0.3 \times 2^{n-2}$，其中 n 为行星序号，不过水星序号为 $-\infty$。这就是有名的 Titius–Bode 法则。后来，在 $n = 5$ 的地方发现了小行星带；在 $n = 8$ 的地方发现了天王星；在约相当于 $n = 9$ 的地方发现了海王星。但是，冥王星却不在 $n = 10$ 的地方（已经有人认为它不是真正的行星）。太阳系的起源理论应该为这个法则找一个根据。

里斯（Sir Martin Rees）

里斯（Sir Martin Rees）是剑桥国王学院的皇家学会教授。30岁时，继霍伊尔（Fred Hoyle）之后，在剑桥当选为天文学和实验哲学的Plumian教授。他提出过许多重要的宇宙学概念。例如，他第一个建议类星体奇异的高能量核心是从巨大黑洞获得能源的。在最近20年里，在剑桥的天文学院主持了一个宏大的研究项目。他写过几本书，包括《宇宙魔力》（*Gravity's Fatal Attraction*，与Mitchell Begelman合作），《天体物理学新展望》（*New Perspectives in Astrophysical Astronomy*），《开始之前：我们的宇宙及其他》（*Before the Beginning: Our Universe and Others*），《6个数：形成宇宙的力》（*Just Six Numbers: The Deep Forces That Shape the Universe*），以及最近出版的《我们的宇宙家园》（*Our Cosmic Habitat*）。

2050 年的数学　　　I. 斯特瓦特
Ian Stewart

在所有的科学中，数学大概具有最悠远而连绵的历史 —— 只有天文学能跟它比。两种学科至少都可以追溯到古巴比伦时代，那时的发现在今天依然是重要的。天文学建立在过去的发现上，数学也一样。天文学的基础是对现实世界的观测，而数学则是共有的思想的社会结构；但思想是天文学的驱动力，而数学却在对真实世界的模拟中成长起来 —— 它记数过去的日子，测量田地的大小，计算给国王的贡品。

在天文学里发生过几次革命。旧的概念被推翻了，新的迥然不同的概念出现了。例如，1877 年，意大利天文学家斯基帕雷利看到了火星的 *canali*（"河道"），这个发现的误译很快传开，使很多人（甚至一些天文学家）相信火星上居住着智慧生命。[1] 现在我们有了更好的认识。人们常说，数学不可能有革命，因为数学真理的本质是不会改变的。但是，人的态度在改变，数学中最大的革命之一就是改变我们关于数学 "真理" 的概念。因为哥德尔（Kurt Gödel）和图灵（Alan Turing），

---

1. 1877 年，斯基帕雷利（Giovanni Schiaparelli, 1835 — 1910）在火星大冲时 —— 也就是地球与火星处在太阳同一侧面且在同一条直线上（幸运的是，2003 年 8 月 27 日是近 6 000 年来火星最接近地球的时间，被定为 "世界火星日"。实际上，在整个 2003 年秋季，都能在南方的天空看到又大又亮的火星）—— 发现其表面有许多天然河道，意大利语是 canali，被英国报纸错译为 canal，成了大家知道的 "运河"（或 "沟渠"）。相信火星存在生命的名人之一，就是后面的篇章中提到的美国天文学家洛维尔（Percival Lowell）。

我们才发现原来数学的真理也不是绝对的。

　　未来50年里，数学将发生几场大的革命。有的已经在发生了——计算机不断增大的影响，生命科学和金融行业提出的新的挑战。还会出现别的，但我们只能说，许多事情是不可能预言的。不同的评论家都预言数学证明的观念会发生改变，那可是数学的核心概念。有些人说计算机将带来一个根本不同的数学证明的概念，还有些人则认为那样的概念将彻底消失。两种观念都在根本上错看了当前的潮流。在数学中，证明取代了其他科学中观察和实验的地位——就是说，数学通过证明来避免被个人的聪明引向歧路，避免因为喜欢而相信并不真实的东西。显微镜的发明不能取代生物学实验，计算机同样也代替不了数学证明。正如我们在这个生物学的类比中看到的，计算机修正和强化了证明的技术，但是没有改变基础的哲学——证明说的是逻辑的一贯性，从已知的定理导出新的定理，而推导的路线应该能经受任何怀疑专家的最仔细的审查。在未来50年里，证明的概念仍将完整地保留下来，我们仍然相信它是数学事业中最基本的东西。

　　数学的力量来自两个不同源泉的汇流。一个是"真实的世界"。开普勒、伽利略、牛顿等告诉我们，外在世界的诸多方面可以通过简单而微妙的数学法则（"自然定律"）来认识。有时物理学家会修正这些定律的形式。牛顿力学让位给量子力学和广义相对论，量子力学让位给量子场论，量子引力和超弦指引着未来的理论修正的方向。现实世界的问题激发新数学的产生，即使产生它的理论改变了，那数学往往还在，而且依然重要。

数学的第二个力量源泉是人类的想象力 —— 为了数学而追求数学。从真实世界到一个圆满的数学分支要走过一段艰辛的路程：需要经过一定的探索，而勇敢的先驱者们常常在追求个人的幻想中脱离主流，然后发现更好的路线。对这些先驱者来说，探索的价值是显而易见的：那正是他们的动力，除了它本身的意义，不需要更多的理由。

这两种作风的数学通常被划分为应用数学和纯粹数学。这两个词都不够准确，都是容易误会的概念。许多"应用的"数学实际上没有应用于任何现实的事物；"纯粹"数学的纯粹指的是它的方法，而不是说它轻视这门学科的实用价值。不过，这两个名词的确说明了不同数学风格的两个极端 —— 而全部数学则是联系外在世界的规则与人类神奇想象力的一个统一的整体。正是这样的整体性和它双向的思维路线，才给数学带来了那么巨大的威力。我们要进步就需要那两种作风，硬说一个比另一个更优越是毫无意义的。

100 年前，很多数学家拓展了那个数学体。才过 50 年，它已经庞大到没有人能完全把握了，于是个人越来越专业，生出四分五裂的学科。纯粹数学家与应用数学家分化为两大阵营，各自怀有不同的哲学。关于基础，关于证明的需要，关于方法，关于问题的意义，他们都抱着不同的看法。他们仿佛是从一个大的教派分裂出来的两个派别。但是在新千年到来时，这种自我分裂的趋势发生了逆转。纯粹数学的方法为应用数学带来了新的活力；应用中出现的问题刺激了纯粹数学的新发展。两家的界线开始模糊了，其实，那本来就不是什么实在的界线，而主要在于认识的分歧。在未来的 50 年里，涌向更大统一的潮流将越来越快，那时候，我们将只有数学家，没有定语的限制，没有派别的争论。专门化的专家还是存在的，不过，他们的专业将融合纯粹数学的抽象逻辑和概念意识与应用数学的具体考虑。我们都将成为数学家，为了那共同的伟大目标奋斗，徜徉在伟大的"超智慧"集合的数学的一块小小的自我天地中间。我们将认识徜徉在其他小天地的伙伴，我们会感谢他们的存在，尊重他们的活动，因为他们的贡献，数学才更加光大。

关于未来50年，有一点我们可以满怀信心：我们会看到巨大的进步。数学的黄金年代不在古希腊，不在文艺复兴的意大利，也不在牛顿的英格兰，而在今天。在50年里仍然跟今天一样。这个观点的最好证明是在未解的大难题上取得的进步。那些问题提出几百年了，曾一直困惑着一些伟大的头脑，直到有一天我们发现了走近它的路线，产生了新的思想，那难题才张开缺口。最近，怀尔斯（Andrew Wiles）证明了费马大定理，这是一个最好的例子。[1] 大约1637年，费马（Pierre de Fermat）在他的丢番图（Diophantus）《算术》（Arithmetica）的页边写道，两个完全立方数之和不可能等于另一个完全立方数，四次方以及更高的次方，都是如此。几百年来所有关于这个问题的证明的努力都失败了。到1995年，怀尔斯才赢得了20世纪的这场最伟大的数学胜利。他的解决运用了一个新方法：将费马的表述转换为一种意义更加广泛的关于"椭圆曲线"—— 一个截然不同的数论领域 ——的命题，然后把每一种可能的现代工具都用进来对付这个新生的问题。

---

1. Simon Singh, *Fermat's Last Theorem,The story of a riddle that confounded the world's great minds for 358 years*, Fourth Estate Lt., London, 1997.（中译本《费马大定理》，薛密译，上海译文出版社，1998）很好讲述了怀尔斯和费马大定理的故事；怀尔斯的两篇论文发表在 *Annals of Mathematics* 142（1995）：443-551，553-572。关于怀尔斯的证明，至今还能听到怀疑的声音。

　　当前，最有名的一个未解难题是黎曼猜想，这首先是黎曼（Georg Bernhard Riemann）提出来的。这是复分析里的一个相当专门的问题，它猜想的答案可能为素数理论、代数数论、代数几何甚至动力学带来曙光。近些年来，还出现了它跟量子物理学的有趣联系。我想大胆预言，到 2050 年时，黎曼猜想会得到证明——人们期待的那个结论是正确的——而它与物理学的联系将在证明中发挥巨大的作用。不过，保守些说，我想解决猜想的最后路线不会基于它今天跟物理学的联系，真正的联系还难以想象。

　　1900 年，那个时代最伟大的数学家希尔伯特提出了未来需要解决的 23 个重大问题。多数问题都解决了，但黎曼猜想还没有。2000年，麻省剑桥的克莱（Clay）数学研究所提出了 7 个久远的难题，每个问题悬赏 100 万美元。[1] 其中一个就是黎曼猜想。另外几个问题是：庞加勒（H.Poincaré）猜想，关于三维球面的几何特征；理论计算机

1.为了迎接新千年的到来，克莱数学研究所悬赏了 7 个数学难题。下面根据克莱研究所网站提供的材料简单介绍一下这几个问题：（1）我们都熟悉勾股定理，$x^2 + y^2 = z^2$，关于它的整数解的问题在欧几里得时代就解决了。但是，类似的更复杂的方程却没有一般的解决办法（希尔伯特第 10 个问题）。伯奇／斯温纳顿-代尔猜想，假如方程的解是阿贝尔型的变量，则解的数量跟 ζ 函数在 $s = 1$ 附近的行为有关［所谓 ζ 函数即 $\zeta(s) = 1/2^s + 1/3^s + 1/4^s + \cdots s$ 是复数］。假如 $\zeta(1) = 0$，有理数解有无穷多；否则，解的数目是有限的。（2）20 世纪的数学家发现，可以把简单的几何碎片粘结起来逼近某个给定的几何体，但有时粘结的碎片却没有几何意义。霍吉猜想说，对某些"好的"空间形式（投影代数空间），那种被称作"霍吉圆"的碎片实际上是所谓代数圆的线性组合。（3）尽管作为流体力学基础的纳维尔-斯托克斯方程已经写下 100 多年了，我们对它的了解依然浅薄，我们特别希望能从这个方程的数学理论认识湍流。（4）有些问题的答案检验起来很容易，但计算机做起来却需要几乎无限的时间，这就是所谓的 NP 问题。P 问题则可以通过"多项式"的时间算法来计算。这里，P = Polynomial（多项式），NP = Nondeterministic-Polynomial（非确定多项式）。（有意思的是，据说在克莱悬赏之前，中国学者已经把这个问题解决了。）（5）我们知道二维球面（如地球表面）是单连通的（可以收缩为一个点），庞加莱在 100 年前问，三维球面是怎样的情形呢？（6）黎曼猜想说，ζ 函数的非平凡零点都落在实部为 1/2 的一条直线上。这个猜想联系着许多关于素数分布的难题，例如，哥德巴赫猜想不过是它的一个特例。（7）用杨振宁-米尔斯（Mills）的规范场理论来描写基本粒子的强相互作用时，需要一种微妙的量子性质，即所谓的"质量间隙"：尽管经典的波动以光速运动（质量为 0），然而量子粒子却具有正的质量。我们在理论上还不能理解这一点。

科学的P/NP问题，要求证明困难计算确实存在；代数几何中的霍吉（Hodge）猜想和伯奇/斯温纳顿-代尔（Birch/Swinnerton-Dyer）猜想；粘性流体动力学的纳维尔-斯托克斯（Navior-Stokes）方程的解是否存在；证明量子场论中的"质量间隙假设"。我想，我们到2050年会对那7个问题有更多的认识，发现不同的结果。大概，庞加莱猜想那时还会悬着，P/NP问题将证明在形式上是不可确定的，霍吉猜想将被否定，伯奇/斯温纳顿-代尔猜想将被证明，纳维尔-斯托克斯方程在一定的奇异条件下没有解，质量间隙可能通过这样那样的方法解决，不过物理学家不会再对它感兴趣了。

700万美元的奖金不会把数学家引上新的路线。无论如何那是不可能的，因为数学家不像分子生物学家那么特别受金钱的诱惑。不过，它还是会达到一个目的，向圈外的人说明那7个问题有多重要——从而更一般地说明数学有多重要。我很愿意猜测这个信号会传到政府的基金管理部门，他们最终会认识到，把几十亿美元花在数学上，比花在新粒子加速器的零碎上或者别的什么庞大的生物学的"集邮"活动[1]，更能实质性地改变人类的生存状态，能产生更积极的影响。我想说，但我不会说。

P/NP问题是关于计算机的，却不是计算机所能解决的。它需要的是一个旧时的好思想。因为这个特殊的问题，计算机什么忙（即使是探索性的）也帮不了，不过它们能发挥别的作用，告诉数学家可能

---

1. 卢瑟福嘲笑物理学以外的事情都是"集邮"，而生物学家认为他们的集邮活动是认识生物多样性所必需的，而且永远不会到头。在《终极理论之梦》中，温伯格为了超级对撞机也攻击了生物分类的研究。数学家在这里把两家都批判了。今天科学家们在科学外的这些争吵（主要是为了争取经费），大概会成为未来科学史或科学学的有趣话题。

有什么猜想，然后数学家去寻求证明。我们现在越来越离不开这样的作用了。更重要的是，计算机将在许多证明里起着关键性的作用，这已经成为时下的趋势。在适当的程序下面，今天的计算机远不是60年代闹哄哄的数字机器所能比拟的，它们已经可以在严密的逻辑下充当我们证明问题的"助手"了。最有名的例子是阿佩尔（Kenneth Appel）和哈肯（Wolfgang Haken）1976年对四色定理的证明。那个定理最早是古斯里（Francis Guthrie）在1852年提出的，说的是平面上任何一幅地图只需要四种颜色就能区别出任意相邻的两个国家。证明的基本思想是把定理归结为一个程式化的识别过程，确认大约2000种特殊的地图（那是没有使用计算机发现的）具有一种特殊的数学性质。计算机进行了必要的计算，证明果然是那样的。

　　有些哲学家认为，计算机辅助证明在本质上完全不同于传统的证明，因为那样的计算不能由空手的人来检验。然而我们要问，为什么把人对证明的检验放在第一位呢？在这里，关键问题在于检验，而不在于什么样的检验主体。过去是人在检验，因为那时没有别的选择，但未来不一定还是人。首要的准则是检验的主体必须是可信的，谁如果不相信它，可以借助其他独立的主体来做出自己的检验。只要这样的条件满足了，机器的判断与人的判断就是同样有效的。多数数学家希望计算机在投入运行的时候，能比人少犯计算或逻辑的错误。实际上，四色定理的历史中杂乱堆砌着人的错误。重要的还在于计算机程序的逻辑，在于机器是否真的朝着设计者的方向运行。这两件事情是可以独立检验的。"思想"部分现在还一直有人做 —— 改变问题的形式，把它约化为大量的程式化的计算。然后，用计算机来算，抑或拿数学手册来帮助计算，在哲学上并没有什么不同。

在数学证明中让计算机充当探索的助手 —— 就像生物学家的扫描隧道显微镜和基因排序机器一样 —— 这种趋势将生根在2050年的数学中。那时会出现"虚拟的非现实"（VU）系统，数学家可以去"访问"抽象的概念结构，如非欧几何和大素数的范围，还可以任意操纵它们，几乎不费一点儿力气 —— 跟我们今天拿计算器做算术一样。VU的原料已经备齐了，很快就能装配起来。软件工程师的需要将激发组合数学（有限的数学）的新发展。组合数学与几何学在今天难得发生相互作用，那时却能通过电路设计和逻辑函数的关系而结成亲密的伙伴。

在牛顿时代，数学问题的主要外部来源是天文学和力学，也就是自然科学。到2050年，更奇异的学科还会以同样的方式涌进数学。其中一个就是已经高度数学化了的量子物理学。今天，量子场论、几何学、拓扑学和代数学之间开始显现出新的令人惊奇的联系，跟着还会有更多。在未来50年里，量子场、超弦以及它们之外的各色理论所激发的新结构，将开出全新的代数和拓扑的天地。19世纪的数学家把传统的"实"数推广到"复"数，让"−1"有了平方根，也给数学带来了无限的生机。很快，数学的每一个领域都"复化"了：产生了与旧的实数的数学一样的硕果累累的复数的数学。量子化是21世纪的"复化"，我们将走进量子代数、量子拓扑、量子数论。

然而，影响更大、更剧烈的却是生命科学激发的数学：生物数学。尽管人类基因组计划成功了，它的结果却面临着新的现实问题。人们清楚地发现，DNA序列没有带来治病的良方，更没有为我们带来对生命的更深远的认识。在我们关于基因和生命的认识之间还存在着巨大的鸿沟。关于如何维护我们的生态系统，如珊瑚礁和热带雨林，基因序列没有告诉我们一点东西。人们曾经相信人类基因组有10万个基因，结果错了，只有34 000个。从基因走向蛋白质，那路线图比我们想象的复杂得多；实际上，也许根本没有那样的地图。基因是一个动态控制过程的一部分，那个过程不仅制造蛋白质，还不断修正它们，使它们在演化的生命里，在生命历程的恰当时刻，找到自己恰当的位置。认识这个过程所需要的远不仅是一列DNA密码，而我们缺少的多数东西都是数学的。不过那将是一门新的数学，把生命生长动力学与DNA的分子信息过程融合起来的数学。DNA密码依然重要，但不是全部。新的生物数学可能是组合数学、分析学、几何学和信息学的奇异混合。当然，还要加上许多生物学。

在这个方向上，复杂系统的科学在不知不觉中蓬勃发展起来了。所谓复杂系统，指那些由大量以简单方式相互作用的、相对简单的组分（"中介"或者"实体"）所形成的系统。我们已经知道，表面上的简单是骗人的：从简单里能产生出高级的模式，即所谓的"突现现象"。例如，从人脑细胞的连通性产生出人的意识。到2050年，我们将拥有严格的关于突现现象和复杂系统的高级动力学的数学理论。它不仅会带来我们不曾梦想的概念，还将重新认识科学中的数学模型的局限。今天，复杂系统的研究主要在两个领域——生物和金融。例如，股票市场有许多中介，它们通过买卖股票相互影响。金融世界就从这样的相互影响中突现出来。金融和商务的数学将在革命中产生，它要抛弃现在流行的"线性"模型，带来数学结构更能准确反映现实世界的模型。

更引人瞩目的是，数学将走进整个人类活动的领域——走进社会、艺术甚至政治。然而，我们不会像今天的自然科学那样运用新的数学。在物理学中，数学用来表达定量的定律，而对现实世界的预言通常是大量计算的结果，在这些计算中，定律与产生的模式之间的联系不是我们的大脑所能跟踪的。例如，为了模拟飓风的巨大涡旋，我们需要写下几十亿个小区域暖湿气体的运动方程，然后通过大量的计算来解这些方程。另一个方法是从方程的一般结构（如对称性）导出涡旋的形态，不过现在还不够成熟。一种"涡旋的微积分"有可能把我们从无穷的数字纠缠中解放出来。更一般地说，我们有希望看到一个关于动力学模式形成的定性的、上下关联的理论出现在眼前。

最后，数学将帮助我们重新认识宇宙的模式 —— 通过模式本身，而不是几十亿个跳动的数字，尽管模式是从那些数字中魔幻般产生出来的。

斯特瓦特（Ian Stewart）

斯特瓦特（Ian Stewart）因为对科学普及的杰出贡献而获得1995年皇家学会法拉第奖章。他为许多普及杂志写过大量关于数学的文章，如《发现》（Discovery）、《新科学家》（New Scientist）和《科学》（The Sciences）。他为《科学美国人》（Scientific American）写过10年的"数学娱乐"专栏文章，也是《新科学家》杂志的数学顾问。另外，他与Jack Cohen合作写了《混沌的衰落》（Collapse of Chaos）和《实在的幻境》（Figment of Reality），还独自完成了《上帝掷骰子吗？》（Does God Play Dice?）、《可怕的对称》（Fearful Symmetry）、《从这里到无限》（From Here to Infinity）、《大自然的数》（Nature's Number）、《生命的另一个秘密》（Life's Other Secret）和《更平直的世界》（Flatterland）。

在文化的阴影里

B. 古德温
Brain Goodwin

在历史的这个时刻展望未来是很困难的，同在 1600 年一样困难。那时，除了君王还在，西方的封建制度已经被彻底打碎了。在新兴的民族国家和新教派的双重打击下，神圣罗马帝国皇帝的权威灰飞烟灭了。在后来的几十年里，30 年战争又把欧洲送进新的黑暗年代。[1]那时，莎士比亚在用他的戏剧赞美复杂多变的人性，塑造从文艺复兴圣哲描绘的世界里走出的角色 —— 在那样的世界里，天球的乐音表现着上天的和谐，爱的力量推动着世界的运行。伽利略在斜面上滚动他的圆柱，努力探索月亮和木星的奇特运动；不久，因为公开支持哥白尼，说地球确实在绕着太阳旋转（而不单是从数学观点看才那样），他受到了教会的惩罚。他犹豫着屈服了。[2]

---

1. 30 年战争，是 1618 — 1648 年间为争夺欧洲霸权而发生的一场全欧国际性大混战。它结束了自中世纪以来"一个教皇、一个皇帝"统治欧洲的局面，德国分为近 300 个独立的大小不同的诸侯领地和 100 多个独立的骑士领土，皇帝在欧洲恢复天主教地位的企图完全破灭，神圣罗马帝国事实上已不复存在。"在整整一个世纪里，德意志被历史上空前未有的最无纪律的暴兵纵横反复地蹂躏着……物质的破坏，人口的凋零，是无穷无尽的。当和平到来的时候，德国已经不可救药了，已经被踏碎、被撕破、遍身流血，躺倒地下了……"（恩格斯）。

2. "天球的乐音"和"爱的力量"是西方现代科学诞生之前人们对宇宙的认识。毕达哥拉斯的"天球的乐音"反映的是宇宙的和谐；"爱的力量"则是从太阳的崇拜产生的。例如，文艺复兴时期的菲西诺（Marsilio Ficino, 1433 — 1499）在太阳叙事诗中写道：太阳"像抚爱一样温柔而不知不觉地渗出万物……因而是宇宙的创造者和推动者……同样，上帝自己也是无处不在的，它也抚育和滋养万物。它不是靠强力来创造和推动万物，而是靠伴随着它的爱。"这实际上也是布鲁诺的思想根源。

　　培根高度赞扬了伽利略认识自然的方法的精神，但走进知识的科学方法还在黑暗当中。人类等级的教会戒条，还有莎士比亚魔幻的世界观，就是那时人们对万物秩序和人类在宇宙间的地位的基本认识。谁能想到，在1600年阴影里的东西，50年后竟成为我们所谓现代的新文化方向的基础？伽利略的观察方法、测量方法和数学关系，为满目疮痍的文化带来了可靠的自然知识 —— 那文化里一切可以信赖的东西，已经被其他知识体系的碎片和30年战争的蹂躏剥夺干净了。牛顿通过他的行星运动理论，以引力取代了那个推动世界的"爱的力量"，很快令所有怀疑者相信，科学才是通向认识的正路。

　　我们今天又来到一个文化的节点。这个时代是从近代走出来的，而我们已经看到，17世纪向近代的转变竟是那样意外，因此，我们今天说未来50年的事情，似乎是毫无意义的。不过，我们还是有办法为意外做好准备，即使不能预见将要发生什么，却可以让那转变更符合我们的心愿。这需要我们做一些跟本书其他文章相反的事情。我觉得应该把目光从未来50年移开，这样才好认识现在，并尽可能完整地感受它，特别感受那些处在阴影里的东西和正在开始走进光明的东西。这样，我们才可能摸索着走进一个新的未来，尽管我们不知道会走向何方。

看得见的

　　今天我们看到的，是科学、技术和商务的强大结盟，它开创了一个以预测、控制、创新、管理和扩张为首要原则基础的全球性的文化。这些原则的背后是理性和权力，培根曾倡导从这条道路去认识自然，用那些知识去砸碎人类的枷锁。这是一条康庄大道。通过科学知识的应用所创造的财富和工具，通过驱动资本主义发展的扩张机器，我们的确能够把人类从饥饿和贫穷中解放出来。然而，问题并没有像我们期待的那样得到解决：世界上还有许许多多（而且还在增加）的人生活在饥饿和穷困中；农业用地和自然资源正越来越多地遭到破坏；土地、海洋和空气的污染正影响着地球上所有的生命；矿物燃料的燃烧导致全球变暖，结果大气也变得更加混乱；物种正以自二叠纪和白垩纪末的生物大灭绝以来所不曾有过的速度走向灭绝；跨国组织的兴起，强化了无节制的全球货物和服务贸易，民族国家保护它们公民的能力越来越微弱。由于信息技术的惊人扩张，投资和资本运营的决策有时竟可能破坏市场的稳定，甚至瓦解政府。不断发展的气候混沌也广泛反映在政治混沌里，传统的说教似乎不能实现稳定与安全——那可是科学和技术（现代给我们的礼物）首先带给我们的东西。出人意料的是，我们今天又被拖进了黑暗年代，比30年战争更危险，因为今天面临的是全球的瓦解。

　　所有这些令人悲哀的事情都是看得见的。今天的这一幅伤心的景象，也许为我们带来及时的启示，也许提醒我们通过现代潮流的新的和谐与融合走向更加美好的未来。我不看好这两种可能，我想更需要认识我们目前状态下那些不容易看见却很可能突然涌现的东西。我的目的不是描绘未来的50年，而是要在未来图景还不明朗的今天，看看有什么朦胧出现的可能激发创造性活动的东西。

看不见的

我是一个科学家，为我们的未来做出巨大贡献的也可能是科学，所以，我要更多地反思隐藏在科学大厦外的可能发生作用的那些事情。我讲的第一个故事与伽利略在教会的经历有着共鸣，他当年被迫放弃了他支持的地球绕着太阳旋转的所谓异端邪说。

20世纪60年代，科学家和发明家洛夫洛克（James Lovelock）正在国家航空航天局（NASA）做着有关地外生命的事情。他发现，地球大气的组成使它在某种意义上不同于其他行星，这样，它可能向我们揭示出生命与非生命环境之间的某些深刻联系。他在科学杂志《自然》上撰文指出，生命并不是简单地适应它生根的行星所给定的环境，它还改变那些环境，让它们稳定下来从而使自己长期生存下去。这个观点得到了生物学证据的支持和光大，证据来自马各里斯（Lynn Margulis）对微生物改变行星条件的力量的研究；1974年，洛夫洛克和马各里斯联名在《大地》（Tellus）杂志发表文章，向科学世界公布了他们所谓的"盖亚假说"。这本是建立在牢固的事实基础上的科学，却披着古希腊大地女神的外衣。[1] 科学界从他们那听说了什么呢？他们把假说丢到外边的黑暗里去了。[2] 为什么？因为洛夫洛克和马各里斯违背了两个（而不是一个）正统的科学原则。第一，他们认为进化存在某些违背达尔文原理的基本东西。根据盖亚假说，生命并不简单服从地球给定的条件，而会改变那些条件来适应它们的生活。例如，

---

1. Gaia是希腊神话里的大地女神，她从卡俄斯（chaos，创世之前的空间，也是我们现在所谓"混沌"一词的来源）产生，又产生了天空、大地和海洋。Tellus是同一个女神在罗马神话里的名字。
2. "外边的黑暗"，见《新约·马太福音》（22：13）："捆起他的手脚来，把他丢在外边的黑暗里"（多数人认为"外边的黑暗"指地狱，也有人提出它是"天堂的郊外"）。

微生物能改变大气组成（CO_2，CH_4，NH_3，O_2），这样温度就保持在生命能延续的一定范围内。于是，整个地球可以看作一个生命系统，它也像生命那样调整自己的活力。

　　第二，他们在假说里用了"盖亚"这个词，似乎说地球本身也是某种生命，而不是科学所认为的实现行星运动的盲目的机械过程的集合。大地女神的形象对积极的环境保护主义者来说是特别高大有力的，他们一直在抗议对地球自然资源的掠夺，抗议对土地、海洋和空气的污染——如过度燃烧矿物燃料产生的污染。许多人在意识到我们对我们的地球做过什么并继续在那样做时，会感到伤心和愤怒，盖亚的形象成为那些情绪的一个焦点。

　　把盖亚请出来的洛夫洛克，因为假说里的那些邪说，结果被科学的教会驱逐出去了。关于第一点，他进行了有力的辩护。他承认达尔文的自然选择原理是一种进化机制，但他坚持认为生命除了适应地球环境的变化，本身也能改变地球的环境。今天科学界接受了这个原理，以"地球系统科学"这个名词来描绘洛夫洛克和马各里斯提出的那个更广阔的地球进化图景。不过，它的接受也付出了代价：洛夫洛克放弃了地球具有倾心眷顾生命的品性的观点——它听起来像万物有灵，是科学绝对禁止的东西；假如它真存在于我们文化的什么地方，那一定在最幽深的阴影里。

死的还是活的？

万物有灵论认为任何存在的东西从某种意义说都是有生命的，这不仅是科学驱逐的东西，也是我们文化的一般信仰体系之外的东西。最近，我跟圣塔菲歌剧团乐队的一个老练的长笛演奏者谈过话，告诉她我从一个纳瓦霍（Navajo）[1] 长笛手那里知道，他为什么在演奏的时候带着七支长笛。他向我说明了每支笛子的不同音色和表现力。当我指着说像鸟叫的那支特别动听时，他又演奏了一遍，然后小声告诉我，在他们的文化里，指着笛子说话跟我们指着人说话一样，是很粗鲁的行为。说粗鲁是因为每支笛子都有名字和个性，一支笛子就是一个生命。歌剧团的乐手疑惑地望着我问："他说的是真的？"尽管她很爱自己的笛子，可从来没有觉得它是活的。

为什么万物有灵的思想对西方的科学世界观有着那么大的威胁？难道有什么迹象说明科学的辩证法正开始让这样的观点重见阳光？假如真是这样，它的复苏在未来可能有什么重要意义呢？我们的科学坚信，作为宇宙基元的能量（或物质）是死的，没有任何感觉能力。伽利略从古希腊原子论者那里懂得了这样一个概念：除了原子和虚空，别无他物。以这样的眼光来认识事物，我们探索了世界的许多方面，对众多自然现象（不论死的还是活的）背后的各种过程的本质，树立了非凡的认识。这样的观念还为我们带来了数不清的令人难忘的技术。这条认识路线是成功的，也是可靠的。根本的一点在于，大自然里能够量化、测量并完美地组织进描写各种行为法则的数学关系的

---

1. Navajo是美国的一个印第安部落。

那些东西，为我们提供了关于世界的唯一确定和客观的知识。当我们不用定量的语言，而用定性的语言来描述时，我们表达的是对所观察的事物的个人看法，如小水獭多么顽皮，风景多么美妙，朋友多么活泼。顽皮、美妙和活泼，都是性质而不能定量化的，所以它们不能作为可靠的现象描述的基础。它们也许有可以量化的方面，可以用来进行科学描述，但这些性质本身却是科学之外的东西，属于我们个人的主观经验。从这个观点看，说笛子是活的，有感觉的，指着它讲话就亵渎了它，这些说法都是没有意义的（比喻的意思除外）。笛子不仅是死的，而且什么经验也没有。

意识从哪里来？

最近走进科学议程的一个问题是关于意识的起源和本质。显然，意识的一个基本方面就是感觉，我们的感觉连同我们的思想，构成我们意识的内容。感觉可以是关于我们自己的，如我们感觉痛苦、快乐或者健康；也可以是关于外面世界的，如我们看到哭闹的小孩、受伤的动物或者垂死的老树。于是，在"意识从哪里来"的问题中，还有着另一个问题：感觉从哪里来？在科学中，我们的答案只能说，意识来自无意识物质在特殊的复杂和有序水平上的特殊的动力学组织，例如神经系统。我们的感觉是一种突现的性质，在产生它的事物中找不出一点儿可以称作感觉或者感觉能力的东西。我们面临的问题也在这里。

关于复杂系统的突现性质，我们有许多例子，它们都有着那种突现性质的某种形式的迹象。例如，蚂蚁成群结队来照顾它们的蚁后和卵，这种有节律的行为可以被认为是一种突现的性质。这是因为我们不能预言这种有序的行为会从一个个蚂蚁的行为（实际上是混沌的）和它们的相互刺激的相互作用中产生出来。不管怎么说，我们在蚂蚁群里观察到的就是那种有组织的活动，而且它还出现在模拟这种行为的计算机模型里。意外的有序总出现在以这种方式动态形成的系统中。

卵房里蚂蚁的集体节律的动力学前兆是什么呢？是一个个蚂蚁的活动（或不活动）的模式。从"混沌"一词的专门意义上说，蚂蚁的活动模式是混沌的：没有一个倾向的周期。然而，混沌是有节律的个体所构成的复杂模式，所以不难想象，当蚂蚁通过刺激相互影响时，就会突现一个倾向的节律。这里没有无中生有的奇迹。自然是和谐的，当我们看到事情发生时，我们总能从系统的部分的行为和它们的相互作用模式来发现那现象的意义。同生物学一样，在固体物理学中发生的许多突现行为，也都是这样的。

然而，假如感觉是从毫无感觉迹象的物质中突现出来的，那我们实际上就是在无中生有。这对我来说就像一个奇迹。作为科学家，我更愿意在物质里添加一点儿某种形式的感觉或感觉能力，然后让它在以特殊方式组织的系统里放大 —— 这个观点在哲学家的著作里有过广泛的探讨，如怀特海（Alfred North Whitehead, *Process and Reality*, 1929），哈特肖恩（Charles Hartshorne, *Whitehead's Philosophy*, 1972）和格里芬（Ray Griffin, *Unsnarling the World-Knot: Consciousness, Freedom, and the Mind-Body Problem*, 1998）。

质的科学

现在来看这种观点能带我们到哪儿。首先，物质里确实存在着感觉或者感觉能力，所以万物有灵论也不是那样不着边际。但是科学还有另外一面，正在开始改变的一面 —— 它带着这种感觉和质的观点走得更远。与那种改变相关的是质的状态。现在有证据说明，当我们观察一个动物，说它紧张、狂暴或者孤独，实际上是在观察动物自己的感受，而不是把我们的感觉投射到动物的身上。证据为行为科学家维梅斯菲尔德（Francoise Wemelsfelder）和她伙伴的研究，说明不同的人在观察同样的动物时，有着高度一致的评价意见。科学就建立在这样的共识基础上 —— 共识引出一个结论：我们看到的并不单是主观的，也是一种客观和真实的状态。所谓的"质的科学"就这样发展起来了，它是一种为了在评价中达成共识的方法，那些评价过去被科学家们认为是科学之外的事情。

正如我们看到的，今天的量的科学使我们能创造足够的满足地球居民需要的东西，但也在全球给生命留下迅速衰败的"质"。在现代科学的阴影里，同样能看到质的科学的成分，它让质的评价重回我们的日常生活，那里我们的判断不仅依赖于量，也同样依赖于质。质的回归连同我们对感觉的认识 —— 认识到感觉不仅属于我们自己，也属于其他任何形式的自然物 —— 可能极大地改变我们对科学技术的认识，改变我们团体和政治的作用。

这样剧烈的科学观念的转变，即使真的会发生，也不是一朝一夕的事情。它需要新式的基础教育，把自然科学与人文科学统一起来，让人们更完整；让社会的每一个成员来参与科学和技术的决策，让知识重新融入每一个负责的行为。于是，我们生活的整个时代将被后代认为是一个黑暗的年代，不过转变的种子已经在地球的阴影里萌芽了 —— 也许可以说，盖亚正在那儿培育它们呢。

古德温（Brain Goodwin）

古德温（Brain Goodwin）是英国 Schumacher 学院（在 Dartingdun, Devon）生物学教授，主持一个关于整体科学的宏大计划。他还是圣塔菲研究所的研究员。他是以下著作的作者：《细胞中的时间组织》（*Temporal Organization in Cells*）、《细胞的解析生理学与生命形成》（*Analytic Physiology of Cells and Developing Organisms*）、《美洲豹如何改变花纹：复杂性的演化》（*How Leopard Changed Its Spots: The Evolution of Complexity*）、《形成与转变：生物学中的发生与相关原理》（*Form and Transformation: Generative and Relational Principles in Biology*，与 Gerry Webster 合作）、《生命的信号：复杂性如何遍及生物学》（*Signs of Life : How Complexity Pervade Biology*，与 Richard Sole 合作）。

替换大脑

M. 豪瑟
Marc D.Hauser

　　想想下面古怪的事情：一只鸡长着鹌鹑的脑，像鹌鹑那样点头，像鸡一样叫；一个患了帕金森综合征坐在轮椅上的70岁老人，得到一点儿猪的大脑，立刻就能出去打高尔夫球了，看不出一点儿猪的影子。这不是亚当斯式[1]的科幻小说，而是科学事实。今天我们不但能在同类的个体间，还能在不同的物种间，交换脑组织。在未来50年，这样奇特的神经生物学将变革我们对脑的认识 —— 脑如何在发展中形成，如何随时间而进化。随着我们对脑的认识越来越多，我们最终将更好地理解做其他动物会是什么样子。不过，关于这场革命的科学和伦理学的后果，我们才刚开始考虑。

　　做另一种生命可能会是什么样子呢？这个问题是哲学家纳格尔（Thomas Nagel）在他那篇《做蝙蝠怎么样？》（*Philosophical Review* LXXXIII, October 1974, 435–450）的著名文章里正式提出来的，主要说的是动物的"精神生活"，特别是关于它们的主观经历和感觉。在某些人看来，简直不可能还原那样的经历，至少凭我们今天的科学工

---

1. Douglas Adams (1952年3月11日 — 2001年5月11日) 是当代西方影响巨大的幽默讽刺剧作家，他的喜剧不是发生在现实世界，而是在科学幻想的舞台。他80年代的《银河顺风车旅行指南》（*The Hitchhiker's Guide to the Galaxy*）系列今天依然是令人难忘的经典。

具还做不到；另一些人则认为这尽管是一个难题，却在科学力所能及的范围内。如果有实例，这些问题说起来会更容易，下面我就举一个例子。

20世纪60年代中叶，有两个小组开始做恒河猴的实验，目的是想知道它们在看到别的猴子受到电击时会有什么反应。大约也在那时候，社会心理学家米尔格拉姆（Stanley Milgram）正开始考察人的行为，看他们对权威的反应——特别是，当某个权威人物让他们去电击另一个人的时候，他们是否服从他。在其中的一个猴子实验里，一只猴子被训练去拉操作杆，然后才得到一天的食物。等它学会以后，把另一只猴子关进隔壁的笼子里。这时候，第一只猴子拉动操作杆，就会对新来的猴子产生很强的电击。奇怪的是，它不但停止了拉操作杆的动作，而且好几天都不再那么做，尽管因此而失去了吃的东西。它虽然饿着肚子，邻居却不会遭电击了。假如邻居不是一只陌生的猴子或其他什么动物（如兔子），而是它熟悉的"笼友"，那猴子似乎更不愿意去拉动操作杆。最后，经历过那种处境或挨过电击的猴子，会比没有那种经历的猴子更远离操作杆。

从截然相反的人类实验的结果看，恒河猴实验的结果是特别令人惊讶的。在1983年的《服从权威》（Obedience to Authority）一书里，米尔格拉姆生动描述了他的人类实验。当一个权威人物（如一个穿着白大褂的实验家）命令实验者拉动操作杆电击别人的时候，实验者会不停地那么做，而不管那人对"电击"产生多么强烈的反应——当然，那是一个演员，并没有真的危险。假如哪个火星人降临地球，看到这样的两个实验，他只能得出结论说，恒河猴有同情心，而人类没有。恒河猴似乎懂得处在别人痛苦的境地会是什么样子，而人类要么是不懂，要么是漠不关心。当然，我们知道人是能够关心同情别人的，也能设身处地想着那些经历情感波澜的人。爱略特（George Eliot）的动人小说《亚当·比德》（*Adam Bede*）的读者，能很好地体会亚当见海蒂时的感觉，那是一种不求回报的爱。下面一段文字大概说明了这一点：

> 那羞怯令亚当心跳，生出从未有过的幸福。她以前看见他时从不脸红。"我吓着你了。"他说，隐约觉得说什么都无所谓了，因为海蒂似乎跟他有同样的感觉……[1]

恒河猴关心和同情其他伙伴的状态，这个结果很诱人，而且实验似乎也证实了这一点。不过还有另外的解释：也许拉操作杆的猴子发现被电击的伙伴表现出厌恶的情绪，在被人厌恶的情形下，人们总会停止正在进行的事情；也许猴子担心自己以后会处于那样的境地，受不懂怜惜的家伙摆布。假如是这样，猴子不拉操作杆就不是因为同情，而是因为自己的利益。不论哪种解释是正确的，这些实验都揭示了猴子对社会环境的敏感反应：说明了猴子有情感和目标，而且可以照着它们行动。利用这些信息，我们可以把研究动物的思维与提高动物的福利联系起来。

怎样才能发现动物的需要、愿望和目标呢？如果我们想切实地关

---

1. 这是第20章的一个情节：海蒂在树丛中摘栗子，亚当来了。"奇怪的是她竟然没有听见他来了！也许是树叶的沙沙声太响。当她发觉有人走近，吓了一跳——装着栗子的盆子都吓掉了；等她发现是亚当时，灰白的脸一下子变红了。那羞怯……"

心它们，这是很重要的信息。假如洛夫汀（Hugh Lofting）的杜里特医生不是小说里的人物，我们能跟动物对话，那该有多好！[1] 不过，我们确实有很好的办法来代替那样的对话。从仔细观察动物的典型行为开始，然后借助经济学的手段来看它愿意为它想要的东西付出多少代价。我们来看看最近对农家饲养水貂的研究。

养水貂的农家相信他们的动物过着舒适的生活。在这里，"舒适"的意思多少有点儿像我们所谓的"丰衣足食的小康生活"。不同意水貂的这种生活观的人，不相信"小康"就意味着有足够的吃喝，没有大的病痛。空洞的理论解决不了这场争论，还要拿干脆的实验来说话。剑桥大学生物学家玛松（Georgia Mason）和她的同事把水貂放置在一个个笼子里，模仿农家的饲养条件：水、食物和睡觉的窝。他们认为，所有的动物都喜欢寻求享乐，向往好的东西，躲避不好的东西。在这个认识基础上，他们还为每一只水貂准备了七个可以选择的安乐窝，每一个分别配备着某种独特的设施：装满水的小池塘、抬高的平台、新奇古怪的东西、两个小窝、一条小通道、几样玩具、额外的活动空间。为了走进那些笼子，水貂必须推开相应的门。在接连的几天里，每一道门都系着重物，不容易打开。实验还假借了保守的经济学，每个人需要为他想要的东西付出代价。这些实验的重要基础是，我们直觉地认为，动物不但可能为想要的东西付出更多，关键的是，它们还可能为需要的东西付出更多。

---

1. Hugh Lofting（1886 — 1947）生在伦敦，16岁到麻省理工学院读书，没有学完就回国了。后来做过土木工程师。杜里特（Dolittle，意思大概是"无为"）医生的系列故事是他在第一次世界大战期间为了与两个儿子沟通而创作的。近年，美国20世纪福克斯公司为这位大名鼎鼎的医生新编了两部电影，他可以用428种动物的语言与动物交谈。

　　把水貂从原来的笼子里放出来，它们不约而同都选择了有小池塘的新家，多数时间都待在里头，并为它付出了最大的代价。而且，假如剥夺了它们的水池，通过测量紧张荷尔蒙（即大家熟知的皮质醇）水平可以发现，它们像失去了食物一样难过。水貂们想要什么呢？水池。为什么？因为在自然的栖息环境下，它们就喜欢长时间待在水里游泳，在水里寻找吃的。结果，为了让水貂过上"小康生活"，饲养它们的农家就得把它们可怜的"生活费"拿出来为它们买小水池。没有水池的水貂跟被剥夺了食物的水貂一样难过。没有哪个仁厚的农家想过去剥夺水貂的食物，又怎么会去剥夺它们的水池呢？那样做既不经济，也不道德。

　　恒河猴和水貂实验说明科学家如何能发现动物的感觉和需要，又如何更好地发挥这些知识的实践作用。不过，从当前的基因和脑科学的发展看，我们描述的技术也太粗糙了。既然我们不但能移植或替换部分大脑，还能通过增加或删除基因来改变动物的基因组，那么我们能提出和回答的问题也就非常广泛了，而潜在的道德伦理的难题也同样广泛。想想最近出现的聪明的"道奇"鼠[1]。这些小老鼠是遗传工程的产儿，它们被注入了更多的NR2B基因，那个基因对记忆形成起着重要作用。人们相信拥有更多这种基因的老鼠要比对照实验的普通老鼠聪明，因为它们能更快地学会选择对象，感应厌恶的东西，发现隐

---

1. "道奇"鼠（Doogie）是钱卓博士领导的一个科学家小组（成员分别来自普林斯顿大学、麻省理工学院和华盛顿大学）通过基因改造而"生产"的系列实验小老鼠。如今关在普林斯顿大学生物系的笼子里。名字仿照美国电视剧 Doogie Howser，主人公是位天才儿童，二十来岁就当了住院医生。不过，从聪明小鼠到天才儿童的路还不知道有多长。正如钱博士说的，"Doogie在实验室所表现的优势，是具有较强的觅食与逃离危险的能力，但仍然只是老鼠程度的聪明，绝不会因此就变成钢琴家。"他们的文章发表在1999年9月1日的《自然》杂志上：Ya-Ping Tang, Eiji Shimizu, Gilles R. Dube, et al., Genetic enhancement of learning and memory in mice. *Nature* 401, 63–69 (1999).

蔽的陷阱。这些增强的本领是否构成智能的基元，当然还可以争论；
不管怎么说，结果总还是揭示了一些似乎通过基因手段的作用而表
现的不同。如果对更高级的认知功能的基因感兴趣，这些结果是很令
人欣喜的。它们不但体现了技术进步的力量，还展现了那些可能有实
际应用（特别是对人类疾病的治疗方法）的基因工程。例如，在大脑
中增加与记忆相关的感受器的数量，可能从理论上逆转像阿尔茨海默
症[1] 患者那样的毁灭性的记忆丧失。

　　但是，道奇鼠的发现却因为另一个实验的结果而多少有些扫
兴 —— 那个实验揭示了操纵基因和大脑的潜在危险。在道奇鼠出生
两年后，科学界面前意外出现了一个由聪明带来的副产品。那个副产
品正好应了一句运动员的格言：" 不经风雨，哪来彩虹？" 跟普通伙伴
不同的是，道奇鼠对巨大的痛苦有着更长时间的体会。这个结果有着
重要的意义。正如遗传学家勒文廷（Richard Lewontin）在《三螺旋：
基因、生命和环境》（本书也是他对人类基因组计划的批评）所指出的，
我们要避免对基因与行为的因果关系做出天真的结论，否则我们不可
能分辨复杂的基因组的背景和基因所处的环境背景。那里是基因的丛
林，当一个基因被清除、被取代或者被复制，我们对结果只能做出经
验性的（也就是统计的）猜测。这并不是说操纵基因和大脑没有价值，
相反，那样的技术很可能开出一片新发现和新认识的天地。不过，伴
随着这些发现，我们必须准备面临意想不到的复杂和困难。

　　我常让学生做下面的思想实验：假如你有机会经历可逆的大脑

---

1. 阿尔茨海默症是德国精神病理学家 Alois Alzheimer 在 1907 年首先发现的一种老年痴呆症，多发
生在 65 岁以上的老人（女性患者更多）。

移植（就是说，你还可以完整地要回你原来的那部分大脑），接受某个动物大脑的某个特别的部分，你愿意选择什么动物、选择哪个部分呢？近年来，我的学生们列出的前三个选择是：狗的嗅球，蝙蝠的听觉皮层，鹰的视觉神经。这个思想实验藏着一个不易觉察的陷阱。尽管在技术上可以移植那些大脑皮层区域，但是要真做到像狗那样闻，像蝙蝠那样听，像老鹰那样看，还需要一点儿别的东西。别的东西指的是一个解析系统（附带着些外在的器官，如狗的鼻子，蝙蝠的雷达天线似的耳朵，鹰的凹陷的眼睛）。人装上新的狗嗅觉系统，可以像狗那样在百米之外闻出消防栓里几毫摩尔的尿，但还是以人的方式解释那个气味。也许我们会因为气味太强烈而觉得可怕——以前还从来没人受过那么强烈的刺激。

我想强调一下我们大脑行为中解释方面的重要性，因为它常常被忽略了。我们大概可以通过一个哲学悖论和一部恐怖电影来说明这一点。逻辑上关于恒等的理论说，任意两个具有多个部分的物体x和y，如果x的每个部分都属于y，y的每个部分都属于x，那么$x = y$。恒等概念遭遇的经典挑战是忒修斯和他的雅典水手的船。船出发的时候是新的，经过长时间的风吹雨打，船板坏了，水手换了新的。到航行结束的时候，原来的甲板和设施都换过了。问题是，航行到终点的船还是启航的那一只吗？还是忒修斯的那只船吗？[1] 回答问题之前，我们来看波兰斯基的电影《房客》。[2] 波兰斯基扮演的是一个性情温和的档

---

1. 希腊神话故事：忒修斯怀着悲痛埋葬了父亲，然后将阿提喀的童男童女乘坐的那只船献给阿波罗，那是一只能容纳30个水手的船。雅典人为怀念这次神奇的历险，设法保全这只船，把船上的朽木不断地更换。因此，许多年以后，在亚历山大大帝时还可以看到这一古老而珍贵的纪念物。
2. 波兰斯基(Roman Polanski)是美国当代大导演，《房客》(The Tenant)是他70年代的作品。他的《钢琴家》获2002年度美国电影评论家协会四项大奖和第75届奥斯卡最佳导演奖。

案管理员，住在巴黎的一家公寓里。以前的房客曾经自杀过，这令他
常处在疯狂的幻觉中，于是有了下面的两句拗口的关于自我本性的独
白："如果我斩断我的手臂，我说'我和我的手臂'，但是，如果我砍
掉我的头，我还说'我和我的头'或者'我和我的身体'吗？"上面两
个例子特别表现了与解释相关的困难。假如我们割除某人的嗅觉系统
而拿另一个人的或狗的嗅觉来代替，我们并不会改变那人的本性，只
是改变了他感觉气味的方式（特别是跟狗交换嗅觉时）。换了新嗅觉
的人对气味的解释还是原来那样。但是，当大脑被替换了，我们就得
逐个案例地提出同一性的问题。神经学家蒂梅修（Antonio Damasio）
在他最近关于意识研究的《感觉发生的事情》（*The Feeling of What
Happens*）一书中明确指出，大脑的不同部位，对感觉发生在自己身
上的事情，有着不同的影响。某些可以替换的部位很可能产生巨大的
个性改变，著名的盖奇（Phineas Gage）的例子很清楚地说明了这一
点。盖奇原是个勤劳的受人尊敬的人，后来脑前额皮层被损伤，失去
了一切精神判断能力，变得大家都不认识了。[1]

　　为了把"思想替换"的问题推得更远，我们可以在来自神经科学
世界的一些令人惊奇的新结果的基础上，做另一个思想实验。神经生
物学家尼可勒里斯（Miguel Nicolelis）和他的同事们设法记录了鹰猴
大脑的几百个神经元的电流，用这个信号来驱动机器人的手臂。这听
起来简直是玩游戏，但不是那样的。它说明我们可以在一定水平上弄

---

1. 盖奇原是新英格兰维蒙特地区的一个铁路工头，1848年9月，因为意外的爆炸，一根铁杆从他
左颊穿过前额。令人惊奇的是，他竟活了下来，而且两个月就恢复了体格。可是，性格却完全改变
了，"强壮的身体和野兽的性情"。120年后，蒂梅修博士（Damasio，不是正文说的那一个）和她
的同事重组了盖奇头颅的三维图像。现在一般认为，大脑里有一个专门控制情感的区域，不会影
响其他功能。

清神经密码的意义，认识它如何调节行为。现在让我们来想象，我们可以从任何动物的大脑"下载"神经信号，建立一个硬驱的思想图书馆，记录动物与世界发生作用时的思想状况。在动物吃饭、睡觉、梳洗、交配和相互沟通的时候，我们可以读出它们在想什么。在一定程度上，我们也许能更深切地体会，当我们成为它们的时候，会是什么样子。我们也许是爱偷窥的"智人"（*Homo Sapiens*）；我们甚至可以拿自己的脑电波来跟它们进行对比，从而体验前所未有的人与动物的和谐 —— 那显然是虚拟现实游戏的终点。

这是一些奇妙的思想实验。在未来50年里，我们需要的技术都能实现，尽管不会有人以那样奇怪的方式去运用它们。我们将知道多少关于大脑的东西 —— 不论我们的还是那些能思想的动物的 —— 想起来就令人激动不已；而我们的技术正把我们引向一个陌生的充满了模糊的道德问题的世界，这又令人担忧。假如我们替换一部分大脑，开启或关闭某些基因，那后果该由谁来负责？科学家，医生，还是那献出了大脑让人能更好生活的动物？假如干细胞研究被批准了，大脑的不同部位可以独立培养，是不是任何人都能做替换？科学依靠献身科学的人的创造性能量，就这一点而言，思想潮流会倾向激进的甚至危险的探索，但科学家也必须认识到他们的行为（也包括非人类动物的研究）的潜在的伦理学后果。萧伯纳（George Bernard Shaw）在《巴巴拉少校》里思索，正确与错误的秘密"曾令所有哲学家伤神，令所有律师疑惑，令所有生意人糊涂，而令多数艺术家崩溃"。也许他还应该加上科学家，科学家必然还要继续努力去分别，哪些是"正确的"结果，哪些是"应该的"结论。

豪瑟（Marc D. Hauser）

豪瑟（Marc D. Hauser）是认知神经科学家，哈佛大学心理学系神经科学项目和"思维–大脑–行为行动"教授。他写过《交流的进化》（*The Evolution of Communication*）、《动物交流设计》（*The Design of Animal Communication,* 与 M. konoshi 合作）和《野性思维：动物真的在想什么》（*Wild Minds: What Animals Really Think*）。

儿童会告诉科学家什么　A. 戈普尼克
Alison Gopnik

1997 年，在国家航空航天局（NASA）工作的空间科学家们发现了怎样通过分析从火星岩石反射的光线来确定火星是否存在过水。水会在岩石上留下碳的痕迹，这将影响岩石反射的光谱。科学家可以反过来从光的数据寻找碳，然后根据碳来确定水的存在。那年，在几千米以外的伯克利幼儿园，一个名叫克温（Kevin）的 4 岁小男孩儿也同样兴奋地发现了一台新机器是如何运转的。在机器上放一定组合的积木块儿（不能是别的东西），它就能奏响音乐。小克温根据这个事实反过来推测哪些木块儿能让机器响起来，然后他用这个发现来让它奏出音乐。在未来 50 年，我们将逐渐懂得克温和 NASA 的火箭专家们如何能够做出这些惊人的发现。问题的答案还将使我们换一种方式去思索科学、儿童、大脑，也许还有基因。

人类对周围的世界有许多了解。我们知道岩石、波浪、烤炉；知道兔子、棕榈树、牵牛花；知道父母、孩子、正牙医生 —— 还有数不清说不完的人物、动物和植物。我们的知识大体说来是很准确的：我们能很好地预言烤炉、牵牛花和牙医的活动。当我们每天摁下"烘烤"按钮，在花园添加"神奇生长灵"[1]，或者预约病人的时候，都在运用这些预言。出生的时候我们什么都不懂，但不管怎么说，我们还是学会了。

我们也学日常生活以外的事物，如火星岩石、病毒和神经元。这些知识同样是非常准确的——足以让我们控制或至少减缓如天花和抑郁症等古老的疾病，更不用说秃顶、阳痿和偏头痛。

但我们怎么能懂那么多呢？毕竟，我们直接从世界得到的信息不过是打在我们视网膜上的一个个无穷小的光子和在我们耳膜振动的无规则的气流。从那样一点有限的而且显然毫不相干的信息，怎么可能得到真理呢？"真理"说起来像一个堂皇的形而上学的概念，其实我们都知道很多日常生活中的真理：热烤熟了面包，水滋润了花朵，病人失约惹恼了正牙医生。从心理学的观点看，这样的一些知识与理论物理学或天文学的知识是同样令人惊奇和疑惑的。一种类型的物理客体，如顶着颗头颅的一个皮囊，与另外类型的物理客体，如烤炉、牵牛花和正牙医生，两者之间的系列相互作用，如何能让一个去学会认识另一个呢？

近50年的发展心理学使这个问题变得更加疑惑。因为有了新技术，我们能比从前更多了解儿童的思维。看来，婴幼儿知道的和学习的都超出了我们从前的想象。到了三四岁的时候，他们已经大概知道了世界是怎么回事。一个小孩子，不会读，也不会写，连话都说不清

---

1. Miracle-Gro，一种很出名的水溶性植物肥料。Gro大概是grow（生长）的缩写，不知道园艺界是如何翻译这个品牌的。

楚，怎么能那么快地学会那么多的东西呢？这是学习的理论需要解释的问题。我们的学习能力不能仅仅归功于教育、训练或者什么专门的社会机构，它似乎还是我们人类本性的一个基本组成部分。

在过去的50年里，认知科学告诉了我们很多东西：我们关于世界的知识是什么样的；我们如何应用那些知识；那些知识是如何印入我们大脑的；发展认知科学还告诉我们知识如何随我们年龄的增长而改变。但我们还是不知道那些知识从哪里来，又如何能给我们带来我们外在世界的真实图景。学习的问题，与意识和浪漫的爱的问题一样，已经写进了认知科学教科书里"未解之谜"的一章。关于意识问题，我不相信我们能在50年里得到更多的认识，浪漫的爱就更难说了。不过，我想我们能实在地接近一个关于学习的科学解释。

我们能在另一个迥然不同的认知科学的领域找到那种解释的模型：人类的视觉。视觉问题是这样的：获取进入眼睛的光的模式，然后把那种信息转化为在空间运动的物体的精确表示。我们是如何解决这个问题的呢？进入眼睛的光如何与空间事物发生联系，人们似乎隐约做过一般的假设。例如，我们似乎不自觉地假定进入视网膜的光是三维世界的二维投影，我们就用这样的假设来解决视觉问题。我们从不认为我们生活在平直的世界，尽管那在逻辑上是可能的。实际上，婴儿似乎生来就相信那一点，例如，小宝宝在看见东西向他们逼近的时候，总会向后退缩。

不过真正有趣的还不在于我们认识了视觉的这件事，而在于通过假定那样的事实，我们就能发现许多意想不到的新的事实。我们不自觉地假定，视网膜的图像是三维物体的二维投影。根据这个一般的认识，我可以猜测现在我视网膜上的那个特殊图像，一定来自一根细棍连结的两个圆盘，它正以一个特别奇怪的角度躺在地板上。知道了这个事实，我可以解决我在现实中遇到的麻烦：没完没了地到处寻找我读书用的眼镜。

当然，这样的假定有时也会把我们引入歧途——特别是当某个邪恶的心理学家在制造幻觉的时候。不过，这些假定往往都是正确的，能让我们正确认识外在的世界是什么样子。

但是大脑怎么能做出假定呢？当大脑（或其他计算机器）接收一定输入时，我谈的那些假定会转化为对输出结果的约束。当我的视网膜以特别方式"亮"起来时，只有某些神经元（而不是所有的）能接着亮下去。神经科学家在动物注视一样东西的时候，可以记录它的视觉皮层上某些特殊细胞的输出结果，然后构造出一个网络图像。神经学研究说明了那些约束是如何发生作用的，那些计算又是如何在大脑中实现的。

在视觉科学中，不同的学科令人惊讶地走到一起来了。心理学家告诉我们从什么样的视觉信息形成什么样的物体表象；告诉我们什么模式的光打在视网膜上会产生什么样的感觉——问题就这样确定下来。然后，数学家告诉我们如何才能通过确定关于物体与光联系的非常一般的假定来解决那个问题。计算机科学家告诉我们那些解如何作为实际的物理机器运行的约束而实现。而神经科学家告诉我们那些解又如何在我们头盖骨下的那个特殊机器里实现。

同样的路线也有助于认识我们是怎样学习的：那就是，确定儿童和成人解决的问题，在一定假设下用数学得出那些问题的可能解，看那些解如何在计算机里实现，然后看它们最终如何在我们的大脑中实现。最近，来自不同学科的——科学哲学、人工智能、统计学和发展心理学——关于学习的新思想，也同样地走到一起来了。在未来50年里，这个认识的融合将产生一个羽翼丰满的关于我们学习的科学理论。

我们就从这个问题说起——它至少是出发点的问题之一。我们如何认识世界的因果结构——事物如何运动，一个事件如何引发其他的事件？在任何科学实践中，这当然是一个重要问题，而对幼小的儿童来说，它也是重要的。发展心理学已经证明，儿童懂得许多有关因果关系的事情。到三四岁的时候，他们就跟大人一样知道了烤炉、牵牛花和人。五岁的孩子比三岁的孩子知道得多，而七岁的孩子知道得更多。儿童跟科学家一样，似乎很容易学会新的因果事实。

不过，因果知识也代表了我们的经历与我们的学问之间的一道深广的鸿沟。哲学家休谟（David Hume）最早阐发了这个问题。我们所看到的不过是事件之间的可能事件。一类事件可能总是伴随着另一类事件发生，但我们怎么知道一个引发另一个呢？在现实生活中，因果关系很少只涉及两个事件的，可能有几十个事件以复杂的方式因果地联系在一起。在现实生活中，一个事件实际上通常不会总跟着另一个事件，而且我们也并不总是知道两个事件中的哪一个先发生。这样的不确定性和复杂性使我们日常的因果问题显得更加复杂。是烤炉电阻丝的烟烤熟了面包片，还是灼热的面包屑使烤炉的电阻丝冒烟？或者，我们把温度调得太高了，它在烤熟面包片的同时也使电阻丝冒烟？我们能看到的只是同时出现的一片混乱。

有什么办法来清理那一堆混乱吗？直观地说，我们可以做两件事情。我们可以做一系列实验：例如，我们把温度旋钮定在一个很高的温度，但烤炉里没有面包；或者，我们把灼热的面包屑洒在电阻丝上，但让温度保持在很低的状态。假如做不了实验，我们可以仔细去观察，确定电阻丝在什么时候冒烟，什么时候不冒烟。也许，不管有没有灼热的面包屑，它只在高温下才冒烟。或者，不管温度多高，它只在有灼热的面包屑时才冒烟。

当我们做这些实验或者观察的时候，我们也在假定系列之间的可能事件的发生模式是如何与它们之间的因果关系相联系的 —— 正如我们假定二维视网膜图像如何与三维物体相联系。我们从没想过我们生活在平直的世界，同样，我们也没想过生活在没有原因的世界。当然，同视觉的情形一样，休谟的魔鬼也可能以某种方式安排那些可能事件来欺骗我们。但是，我们的进步却是因为我们不相信有那样的魔鬼 —— 用爱因斯坦的话说，上帝虽然狡猾，却不邪恶。[1]

卡内基－梅隆（Carnegie-Mellon）大学格里默（Clark Glymour）领导的一群科学哲学家与加州大学洛杉矶分校（UCLA）的计算机科学家皮尔（Judea Pearl）和他的同事们，开始创立一种数学形式来帮助我们跳出直觉，以严格的方式表述那些假定。我们可以借助所谓

---

1. 爱因斯坦这句有名的原话是 " Raffiniert ist der Herrgott aber boshaft ist er nicht " 。现在还镌刻在普林斯顿大学数学系费因楼（Fin Hall）大厅的壁炉上。

的定向无圈图（通常也叫贝叶斯网络图）[1] 来思考因果关系。这些图告诉我们一个变量（如面包的状态）如何影响另一个变量（如热电阻丝的状态）。无圈图背后的基本假定是，如果一个事件引发另一个事件，那么当那个变量的数值改变时，另一个变量的数值也可能发生改变。如果面包屑导致电阻丝冒烟，那么烤炉里面包屑的存在应该更可能引起冒烟。我们可以用连接变量的箭头来表示这些因果关系。贝叶斯网络图假定了一些简单而普遍的因果关系模式（也就是箭头的模式）是如何与变量间的可能事件的模式相联系的。在温度旋钮、灼热的面包和冒烟的电阻丝之间，我们能画出三种不同的图像，相应于我们说过的三种因果假设：

A. 温度旋钮 > 灼热的面包 > 冒烟的电阻丝

温度旋钮使面包发热，灼热的面包使电阻丝冒烟。

B. 温度旋钮 > 冒烟的电阻丝 > 灼热的面包

温度旋钮使电阻丝冒烟，冒烟的电阻丝使面包发热。

C. 冒烟的电阻丝 < 温度旋钮 > 灼热的面包

温度旋钮分别使电阻丝冒烟，使面包发热。

在一定的可能事件和因果性的基本假定下，每个因果结构对变量间可能事件的模式有着不同的意义。我们能通过实验和观察做出正确结论，也是因为这一点。举例来说，假如A是对的，我们把面包拿走，就不会看到温度与电阻丝之间有什么关系了；假如B或C是对的，我们还能看到那种关系；假如我们把旋钮定在低温，另外独立地加热面

1. 贝叶斯网络图（Bayes net）是以贝叶斯概率为基础的图形化的推理网络。

包，那么在A的情形，电阻丝会冒烟，而在B或C的情形则不会；假如
把旋钮调到高温，但不让电阻丝冒烟，那么面包在A或C的情形下会
发热，而在B则不会。同样，即使我们自己不做实验，不同的因果结
构也能使我们在变量间看到可能事件发生的不同模式。数学的研究使
我们具体认识了可能事件和原因之间的所有联系，它们的结构比我上
面讲的那些要复杂得多。

这样的数学为我们提供了一种因果的逻辑。古典的演绎逻辑从几
个关于推理的基本假定出发，把那些假定转化为一种数学方法，从而
根据真的前提导出正确的结论。新的因果逻辑则做出几个关于因果性
的基本假定，然后提出一个系统的方法来根据观察和实验导出正确的
因果关系的结论。

计算机科学家已经开始把这种抽象的数学转化为能向现实世界
学习的计算机程序。计算机与人之间的一大区别在于，计算机程序
只能做我们首先要它做的。真正的图灵试验 —— 检验计算机是否像
人 —— 不仅要求计算机像成人那样做事，还要求它学会根据儿童的
经验来做这些事情。[1]

在一定的可能事件的数据模式下面，计算机科学家将那些数学假
定转换为对计算机可能产生的因果图模式的约束。根据这样的数学新
思想，在NASA工作的计算机科学家可以设计一些程序让机器人单纯

1.1950年英国数学家图灵（Alan Mathison Turing, 1912 — 1954）在《计算机械与智能》一文中提出
了一个"试验"（Turing test），让一个人跟一台机器和另一个人交流，假如他分不清机器与人，就
说那样的机器具有与人一样的思维能力。

根据光谱仪的数据来认识火星岩石的组成，而不需要向地球上的专家请教。

　　上面所说的一切，离我们出发点的问题似乎太远：我们想知道寻常百姓——特别是普通的儿童——到底是怎么学习的，而不是只想知道高明的科学家、统计学家和计算机专家是怎么学习的。不过开始出现了一些证据，说明所有的学习者都可能对因果性与可能事件之间的关系做出相同的数学假定。心理学家在研究普通成人解决因果问题的方式时，已经独立发现了与哲学研究者相同的数学模型。

　　心理学家发现，即使只有两岁的儿童，也在运用同样的因果逻辑。我们可以向孩子们拿出跟烤炉相似的东西——一台以复杂和神秘方式发生某些事情的机器。有时我们把机器的一些特殊行为模式告诉小孩，有时我们让他们自己做实验去发现那些证据。然后我们看他们是否能发现机器是如何运转的。令人惊奇的是，孩子们能完全以模型所预言的方式，根据事实做出正确的因果结论——小孩儿真是天生的火箭科学家。当然，小孩跟科学家不同，他们一点儿也不知道自己是怎么得出那些结论的。

　　在未来的50年，一旦知道小孩和大人正在做什么计算，我们就能深入他们的大脑，看他们如何计算。随着脑图像技术越来越精确，对计算的认识越来越多，我们将开始去认识我们的大脑是如何设计来完成那些计算的。那个问题的答案也许关系着即将来临的神经科学的伟大突破。大脑最重要的事情是它为顺应环境条件而发生改变的能力，不过大脑的这些方面，正是我们知道得最少的。这就像我们对于死亡心脏的解剖结构什么都知道了，但是对于一颗活的沸腾着热血的心却几乎一无所知一样。大脑是最重要的学习器官，如果知道了学习是怎么进行的，我们就会知道大脑是怎么工作的。

还有，在接下来的50年中，关于思维和大脑如何学习的问题，答案可能会牵涉到更一般的发展的问题，即关于形态发展的问题。新千年的另一个未解的难题是，DNA的指令怎么能使一个简单的受精卵变成一个高度复杂的小生命？过去几年的遗传学研究告诉我们，基因组不可能是产生生命的一套具体的指令集合：它不是生命的蓝图。那么它又是如何发挥作用的呢？基因的作用并不太在于直接决定细胞做什么，而是更多地在细胞环境里激发一连串的因果行为，最终以可以预料的方式来影响细胞。例如，决定性形态的基因产生睾丸激素，然后通过睾丸激素以一定的方式作用于生命。有时候"魔鬼"可能出现，环境最终会变得跟基因"希望的"不一样，系统可能发生错误。但环境通常是可以预料的，基因组根据那些可以预料的事情来产生复杂的生命。

为了更好理解，我们可以把DNA指令看成一套密码，它隐含着细胞（不论在生命诞生以前还是以后）与环境（主要是其他细胞）相互作用的一般性假定。在心理学的情形，通过假定我们与环境的关系，我们建立了能很好适应那种环境的复杂结构。至少，我们相信这种一般性的方法也适用于生物学的情形。

然而，一个统一的学习理论的最大成功，也许在于说明最杰出的科学家与最普通的儿童原来参与了相同的事业。在20世纪的尽头，知识就像封建经济的土地和工业经济的资本，成了最有价值的货币。学习的新理论应该告诉我们，知识的获得，不仅仅是为了在今天残酷的竞争中赢得什么显贵的地位。从本来的（而不仅是修辞的）意义上说，知识是全人类与生俱来的权利。

戈普尼克（Alison Gopnik）

戈普尼克（Alison Gopnik）是伯克利加利福尼亚大学心理学教授。她是国际儿童学习领域的领头人，也是利用发展心理学帮助解决古老哲学问题的认知心理学家之一。她同 Andrew Meltzoff 合作写了《语言、思想和理论》（*Words, Thoughts, and Theories*），与 Patricia Kuhl 和 Andrew Meltzoff 合作写了《婴儿床上的科学家：思维、大脑和儿童是怎么学习的》（*The Scientist in the Crib: Minds, Brains, and How Children Learn*）。

走向道德发展的理论

P. 布隆
Paul Bloom

大学生上第一堂心理学课（通常是一般的概论）的时候，往往惊讶它是那么无聊。他们满怀希望走进课堂是为了学习他们是如何进行思维的；在他们模糊的心目中，心理学是关于梦、意识、邪恶、疯狂和爱的学问。学期结束离开课堂的时候，他们只隐约记得什么抑制性突触，巴甫洛夫（Pavlov）的狗，斯金纳（Skinner）的老鼠[1]，还有可笑而恼人的社会心理学实验，最新的精神疾病分类法。但是，他们没有得到曾令他们兴奋的问题的答案 —— 更糟糕的是，他们觉得连问那样问题的人都没有。

10年前大概是那样的，不过现在不同了，有许多迹象表明，到21世纪中叶时，心理学可能包罗万象，一点儿也不会无聊。它将拥有广阔的范围和丰富的理论。它将把来自不同领域的发现、方法和思想，包括进化生物学、文化人类学和思维哲学，融合在一起。换句话说，今后50年的心理学会更像它100多年前在19世纪末的那个样子。

---

1. Burrhus Frederick Skinner（1904 — 1990）继承和发展了华生（J.B.Watson）的"刺激-反应"的公式，把它发展为新行为主义，认为动物和人类的学习是一种操作，还把教学程序归结为"刺激-反应-强化"，认为在教学中采取积极强化措施可以使某种行为形成习惯。他喜欢举饿老鼠获得食物的例子来说明他的行为主义观点。

　　那可是激动人心的年代。在 1859 年出版的《物种起源》的最后，达尔文（Charles Darwin）写道："我看到了将来更加重要得多的开放的研究领域。心理学将稳固地建立在一个新的基础之上：每一智力和智能都是通过逐级的演进而必然获得的。"（20 年前，他就在自己的笔记本里写道，"任何理解狒狒的人都能比洛克[1] 更接近形而上学。"）达尔文试着在后来的两本书里实现他的这个愿望：一本是《人类的由来及其性选择》，主要是为了解释人类与其他动物之间的心理学差别；一本是一年以后的《人和动物的情绪表达》，对情绪表达的心理学和生理学的研究者来说，今天仍然是一部十分重要的著作。

　　1890 年，詹姆斯（William James）发表了《心理学原理》，总结了那个时代最好的科学，提出了野心勃勃而充满个性的观点。[2] 那时候，弗洛伊德（Sigmund Freud）正在另一个很不相同的方向上开展研究。尽管弗洛伊德对人性有着持久的影响，在当代心理学（不论临床的还是实验的）中的地位却不那么稳定，也许他还能出现在当代心理学的导论性课程里，那不过是一个历史趣味的话题（假如不是嘲讽的对象的话）。但他那广博的见识、激情和野心却是异乎寻常的。我们只看一个例子：1899 年出版的《梦的解析》的头几句话是这样说的："在后面的篇章，我将证明存在一种允许我们解释梦的心理学技术，运用那种技术以后，每一个梦都将显现一种有意义的精神结构，可以在我

1. 洛克（Locke），这里应该说的是哲学家 John Locke（1632 — 1704），认为心灵是一块白板，后天的经验才是认识的源泉。哲学方面有著名的《人类理解论》。
2. William James（1842 — 1909）是美国哲学家和心理学家，他的《心理学原理》是美国人自己的第一本有完整体系的心理学著作。"意识流"的概念就第一次出现在这部书里。他自己说，"记忆、思维和情感存在于基本意识之外，这一发现乃是我从事心理学研究以来这门科学所取得的最重大的进展。"关于 James 和他那出名的家族（父亲是神学家，弟弟 Henry 是大作家，下一篇文章就会提到他），近年出版了一本新传记，H.M.Feinstein, *Being William James*（《就这样，成了威廉·詹姆斯》，季广茂译，北京：东方出版社，2001 年 2 月）。

们醒着的生活中分辨出它们的位置。"弗洛伊德的宏大研究纲领的精神——在无意识过程的相互作用的基础上统一精神科学的目标——与达尔文和詹姆斯的工作是遥相呼应的。

后来的百年里，心理学从其他领域（特别是哲学和进化生物学）分离出来，成为独立的学问。心理学有意识地、自觉地寻求成为一门科学。努力的结果之一是20世纪席卷美国心理学的行为学派的运动。行为学派排斥詹姆斯关于心理学是"精神生活的科学"的观点，提出只有可以观察的行为才能进行客观的研究，几乎所有的行为都是学习的结果，不论距离多远的物种（如人与老鼠），在学习上都不存在原则性的差别。

今天，行为主义像任何陈腐的理论一样死了，主要是因为所有的那些前提都被证明是错误的。尽管从它的研究纲领中涌现过一些重要方法——为了测试婴儿和老鼠那样不能清晰发音的动物的能力，这些方法是很有用的——却几乎没有产生过与人的研究相关的影响久远的发现。席卷今天心理学的运动是为精神生活提供计算分析的认知心理学——最近的分析方法是平行分散处理的动力学，也就是神经网络。这个研究纲领获得了空前的成功，但成功主要局限于那些容易在计算机上模拟的领域。于是，我们有了许多下棋、推理、事物识别、语言分析和不同记忆形式的研究。而情绪、性行为、动机、个性等问题却被推向应用性更强的领域，如临床心理学。

因为与其他领域越来越多的交流，这一切正在发生改变。心理学中某些最具影响的思想是从外面的领域走进来的，这绝不是偶然的——它们来自哲学家，如丹内特（Daniel Dennett）和弗多（Jerry Fodor）；来自进化论理论家，如哈密尔顿（William Hamilton）和特里弗（Robert Trivers）；也来自经济学家、人类学家和语言学家。对心理学领域最具影响的学者之一无疑是语言学家乔姆斯基[1]，他1959年对斯金纳《言语行为》（*Verbal Behavior*）的批判，是对行为学派运动的致命打击。

特别有趣的跨学科交流是与进化生物学的联系。最近几年里，越来越多的人接受了达尔文的思想：大脑跟其他生物器官一样也经历过自然选择的进化过程，所以大脑的能力可以很好地理解为适应和适应的副产物。对某些人来说，这似乎是显然的，在认知心理学的某些领域，它也确实无可争议。例如，研究视觉的人从来不怀疑眼睛是为了"看"而进化的。但在心理学的其他领域，谈论进化却被认为是不合时宜的、天真的或者在政治上可疑的。威尔逊（E.O.Wilson）的《社会生物学》在1975年出现的时候，作为一部尝试把进化论思想应用于侵略、性和利他主义等领域的现代化著作，却遭到普遍的反对。[2] 但在最近10年里，突然涌现出一门新的学科——结合了当代认知科学与进化生物学的进化心理学，它的倡导者是圣塔巴巴拉加利福尼亚大学的一批学者，如柯斯米德斯（Leda Cosmides）和图比（John Tooby）。

---

1. 乔姆斯基（Noam Chomsky）在20世纪50年代提出转换生成语法体系，在哲学、心理学、逻辑学、语言教学、文体理论等多个领域都有着深远影响，今天还成为复杂系统研究中形式语言的基础。他还是积极的社会评论家，被认为是"美国最伟大的异议分子"和"美国人的良心"。最近Robert F.Barsky为他写的传记就是《乔姆斯基：不驯的生命》（*Noam Chomsky: A Life of Dissent*）。
2. Wilson有时被称为"社会生物学之父"。他主张，只有承认所有问题都能溯源到科学，我们才可能认识周围的世界。他认为，战争和侵略是人的天性，都源于"适者生存"的老观念。关于"利他"，他说"同情是有选择的，而且终归是为了自己。"他遭人反对，还因为他相信男人与女人扮演着根本不同的生物角色；宗教信仰都可以归结为进化论原理。

在这个框架下提出的许多具体建议现在看来还有争议，但研究纲领本身却得到了越来越多的认同 —— 以至人们可能已经不再把它当作一个分离的心理学领域了。在未来50年，"进化心理学"将成为一个时代的误会，因为那样的标题意味着还存在别的什么心理学领域，不关心选择性优势和适应性设计等方面的考虑。（难道是造物论心理学？）有人不关心大脑如何工作、进化如何发生，同样，也总会有那么一些对进化论不太感兴趣的心理学家。然而，进化论的思想（与神经科学和发展心理学的思想一道）成为心理学研究的证据源泉，不会再有什么争议了。

像这样跟其他学科重新综合，未来50年的心理学将在多方面更加丰富。从传统说，心理学是关于两个群体的研究：大学新生和小白鼠。不过，研究者们至少在不自觉中越来越熟悉多物种的研究了 —— 不是因为天真地相信思维处处相同，而是把它作为认识精神系统演化的一条途径。同样，我们也自然会通过人生的不同转折点、精神疾病的不同形式和不同文化之间的差异，来探索精神生活的基本结构和过程。现在，方法的多样性在与记忆和感觉相关的领域里是我们研究的标准，但在诸如社会和个性心理学那样更"软"的领域，它也会越来越流行。

我们来看道德思想和行为研究的例子。这在过去曾是心理学探寻的最基本领域。实际上，它也是达尔文与詹姆斯所不同的一点。在《人类的由来》中，达尔文想通过人类智慧的普遍增长来解释人类的道德 —— 智慧的增长使我们超越了我们灵长类祖先的情绪反应，懂得了伦理行为的概念，也就是懂得了公正客观的道德准则。詹姆斯则抱不同的观点，他在《心理学原理》中争辩说，人类本性的独特方面不过是其他动物所缺乏的社会本能（如羞怯和隐私）的总和的结果。达尔文同时代的华莱士（Alfred Russel Wallace）还有另一个观点：他认为人类的利他行为太过神秘，它的存在否定了自然选择理论可以应用于人类精神。总的说来，过去只有哲学家和神学家才研究的利他与道德，如今成了进化心理学的核心问题。

但是学生们在心理学导论课中可能听不到那些东西，却要用几个学时来糊里糊涂地学习老鼠和灵长动物神经系统的大体解剖。我本人的领域是发展心理学，奇怪的是，这个领域里的好教科书为语言学习留下了许多空间（那个领域已经有了几种杂志和专门会议），却没有多少空间来讲道德的发展，如儿童怎样形成一定的是非观点，这些观点又如何对他们的行为产生影响。

这里并没有什么特别的意思，道德发展讲得少，只是因为我们对它的了解太少，不是因为没有兴趣研究它。实际上，道德发展的研究有着重大的实践意义。父母想知道如何把孩子培养成人，有责任心的公民想为年轻人的成长营造良好的环境，如学校教育等。这些都是普通的愿望，尽管人们对什么是好的道德还有着不同的认识。所以，我们想知道针对具体问题的答案：打屁股对孩子好不好？暴力的电脑游戏或影视作品会产生什么后果？父母养大的孩子比单亲家庭的孩子更好吗？托儿所对孩子的气质和情感有什么影响？

尽管我们也许能在报纸或电视新闻中看到一些报道，但所有那些问题的答案我们还是不知道。我们有一些经验性的猜想，不过在根本上我们只能说，好父母培养出来的孩子往往比坏父母养大的孩子更好。不管父母怎么"坏"，不论是虐待、酗酒、精神分裂还是对家长教师协会的漠不关心，这些毛病常常会表现在他们孩子的身上。但我们不知道为什么。这种现象也许是父母养育的结果。例如，好斗的大人可能培养出更加好斗的小孩。或者说，个性是可以通过遗传转移的，所以父母的好斗与孩子的好斗一定存在什么联系，哪怕他们从来没有相遇过。它也可能是小孩影响大人的结果：好斗的孩子很容易惹看管他的大人发火和动粗。还有很多其他的可能，而且当然很可能存在某种复杂的相互作用。

我写这篇文章的时候，一本专著出版了，它报告了一个大规模的研究：电视节目对570个青少年的影响。他们看电视的习惯从5岁开始；10年后再对他们进行测试，测试指标包括成绩、好斗、吸烟，等等。与多看暴力节目的孩子比较，上学前多看教育节目的孩子长大以后似乎成绩更好，也不大吸烟，很少有好斗的。报告具有重要的政策意义，符合我们的普遍感觉：教育节目好，暴力节目坏。所以，我们的教育节目应该更多，暴力节目应该更少。

不过，在报告的讨论中也隐藏着作者们的另一层意思：他们的发现可能还有别的解释。我们毕竟已经知道，五岁的孩子有的好斗，有的害羞，有的喜欢动物，有的喜欢运动，等等。在研究中，让孩子们选择他们要看的电视节目，可以想象，喜欢书本和知识的孩子更愿意看《芝麻街》和《罗杰斯先生的邻居》¹，而好斗的孩子可能喜欢看多暴力的节目。所以，那些研究只不过说明，上学前好斗的孩子很可能长成好斗的大人，爱书的孩子很可能长成爱书的大人——这些事实也是我们早就知道的。电视跟它们可能没有一点儿关系。

也许电视确实产生过影响，问题是我们还不知道。我们并不单是需要更多的研究，我们需要的是一个道德发展的理论——一个通过跨学科的研究（包括认知心理学和进化论）来形成的理论。我们需要一个在丰富的语言发展和知觉发展理论基础上的道德发展的理论。只有那样，我们才能切实地谈因果和预防的问题。

我们能在未来50年得到那样的理论吗？直到目前我还是乐观的：心理学将变得更加有趣；人为的学科界线将消失；研究的范围将扩大；等等。这些都是好的方面。不过，至于我们在道德思想或意识等深层问题上能有多少进步，还是悬而未决的问题。另一些人，如乔姆斯基和哲学家迈克金（Colin Mc Ginn），还抱着怀疑的态度。毕竟，我们是人而非天使，有我们能理解的事情，也一定有我们不能理解的事情。也许道德思想或意识的本性根本就超出了我们的理解力，不是因为它们处在什么特殊神秘的地位，而是因为我们没有理解那些事物的能力，我们大概像是在努力理解微积分的狗。

我们无法知道这些悲观的论调是不是正确，但愿它是错的，我们

1.《芝麻街》（Sesame Street）是美国公共广播公司（PBS）著名的儿童益智节目，1969年在纽约胡伯斯问世，目前已在全世界140多个国家播映，儿童观众已超过1.3亿。《罗杰斯先生的邻居》是PBS 1968年推出的儿童节目。

也只有在这样的希望中迈步向前。不过，直到现在也没有什么进步，这么引人注目的失败该让一部分心理学家谦逊一点吧，特别是他们在制定社会政策的时候。因为没有进步，所以我没有谈心理学在未来50年里可能带来的实际好处——忽略这一点似乎有些奇怪。难道我们不应该希望未来的心理学能治疗精神疾病，清除不幸，摆脱偏见和无知，教我们学会培养一个道德、幸福、独立的孩子，享受其他一切美好的事物吗？这是人们从许多普及读物里得到的印象，许多对自己的能力充满信心，渴望经费资助和政治影响的心理学家，起了推波助澜的作用。

实际上，心理学的现实好处总是有限的。如果不谈某些临床的革新——多数来自生物化学和神经学——往好处说，心理学的一般意义在于教我们如何管理社会、预防犯罪和教育抚养孩子；往坏处说，它们在赶时髦，很危险——例如，在我本人的学科领域里广泛流行着这样的观点：如果不在三岁以前向小孩灌输社会和认知的启蒙知识，就可能毁了孩子的一生。还有，向婴儿演奏莫扎特的音乐有好处，托儿所的日托不好，小孩刚出生的几个小时对母子情结非常重要，等等言论，都是类似的例子。关于这些大众言论，只有一点可以肯定：它们随时都在改变。如果你不喜欢心理学家现在讲的如何培养孩子的那些东西——孩子应该学什么学科，学多少，作息时间怎么安排，等等——你可以等一两年，那时他们会告诉你不同的东西。

乐观地说，如果把在某些领域（如感觉）表现良好的方法和理论，应用于认识薄弱的更"软"的领域（如道德思想），未来50年的心理学会更加成熟。在这个探索的过程中，我们也许能对我们的思维形成足够的认识，对我们的科学方法产生足够的信心，这样，我们才能发现和承认那些问题有多么艰难，还有多少东西需要我们去学习。

布隆（Paul Bloom）

　　布隆（Paul Bloom）是耶鲁大学心理学教授，国际公认的语言和发展心理学专家，与 Steven Pinker 合写了本领域的开创性论文之一。他是耶鲁最年轻的正教授，发表了 50 多篇（章）心理学、语言学、认知科学和神经学的文章。他还写了《儿童如何学会生词的意义》（*How Children Learn the Meanings of Words*），即将出版《肉体与心灵》（*Bodies and Souls*）。

捉摸不定的心理学　　G. 米勒

Geoffrey Miller

当我们把自己想象为感情动物时，有太多的人成了"小气的"唯物主义者。这种狭隘的唯物主义者抱着这样的观点：如果主观经验尚不能与大脑的某个特殊区域或神经传递介质或基因联系起来，那经验就可能不是真实的。他们认为，当我们发现了与某种疼痛相关的大脑区域时，那疼痛才真正具有科学的意义 —— 但是，假如我们还没有发现与某些感觉关联的大脑区域，如两性的嫉妒、存在性恐惧等[1]，那么这些情绪就可能不是"真实"的，应该用怀疑的眼光来看它们。同样，假如我们在精神分裂症患者身上发现了神经传递介质缺陷，那它就是真正的病态；而如果我们在坏脾气的人那里没有发现类似的缺陷，那么坏脾气也许就不是真的病态，只是个性的缺点或坏习惯而已。

狭隘的唯物主义者不仅不相信他们自己的意识，也不相信他们的唯物论学说在未来的进步。结果，他们盲目迷信神经科学，寻求它做一切主观事物的根据。因为神经科学至今还在萌芽中，过分依赖它那有限的作用，只能产生对人类本性的幼稚认识，仿佛人就跟卡通画一

---

1. 存在性恐惧（existential dread）指伴随人的生存而存在的那些无端的恐惧和焦虑。这个概念源于存在主义哲学的先驱、丹麦哲学家克尔凯郭尔（Soren Kierkegaard，1813 — 1855），他认为"存在"就是由痛苦、烦恼、孤独、绝望等情绪构成的个人的存在。

样简单，几根线条、几块色彩就勾勒出来了。

像达尔文和詹姆斯那样的"大方的"唯物主义者则抱着截然不同的观点，他们相信一切捉摸不定的思想和感觉的东西都基于大脑的行为。因为同样相信科学的唯物主义和人类意识，他们能慷慨地把丰富的主观经验归结到人类和人类复杂的大脑。我想，在未来50年，我们自己的唯物主义也会像达尔文和詹姆斯那样变得更加慷慨大方。当神经科学揭示人类意识的更多微妙，人们会更容易接受和认识那些微妙，给我们和我们的社会带来好处。狭隘的唯物主义者容易使人自私和自大，因为神经科学似乎只看重我们与动物共有的更原始的能力和情感。我们更加进化的有别于动物的人的能力，如创造、善良、幽默和想象，还在脑图像实验室里演习。大方的唯物主义者则可能使我们更多情、更谦逊；我们会发现其他思想和头脑也有着我们那样丰富的主观经验。

为了这个修正的更加慈善的人性观，关键的一点是发展新的技术，揭示大脑的神经活动和基因激发模式。不论当我们从事没有特殊感觉的简单的认知活动，还是参与最能激起人类情感的复杂的社会活动，它都能告诉我们脑海里到底发生着什么事情。当新技术客观证实了我们纷纭复杂的思想、感觉和社会关系，不论每个人的心理复杂性，还是人与人之间的差异，都将在科学的进步中形成更加精细的认识。

一个世纪以前，我们不得不靠亨利·詹姆斯的小说，通过精确的细节和富丽的色彩来刻画人的意识。[1] 将来，我们不能指望大众文化来做那种事情 —— Viacom[2] 和迪斯尼（Disney）看不出那有什么好处。不过，我们也许能通过科学来填补这个空白。

一段短小的历史可以帮助我们正确认识狭隘的唯物主义。在19世纪，心理学是西方男性资产阶级知识分子从事的学问，也是为他们的利益服务的学问。在这样的家长制心理学中，几乎不关心妇女、儿童、非知识分子、其他文化背景的人和其他有意识的动物。但是，这种严格封闭的思想方法却有着被人忽略的优点：西方资产阶级知识分子共有的心理特点使他们能发展一些精密的方法来表现和传达他们丰富而捉摸不定的内心生活。资产阶级文化与资产阶级心理学之间存在着一条封闭的正反馈环，这典型表现在詹姆斯兄弟威廉和亨利的往来书信中。他们在内省[3]中热烈交流，形成了刻画意识的超凡本领。更一般地说，19世纪后期欧洲文化的演进就表现在达尔文、高尔顿（Francis Galton，达尔文的侄儿）、弗洛伊德、哲学家勃伦塔诺（Franz Brentano）、美国心理学家鲍德温（James Mark Baldwin）和迈克道戈尔（William McDougall）和德国实验心理学家冯特（Wilhelm Wundt）等人的心理学理论化过程中。他们敢于猜想情绪、美感、爱情、家庭生活甚至变异的意识状态。

---

1. 亨利·詹姆斯（Henry James，1843—1916）开创了心理分析小说的先河，在他的笔下，出现了仿佛是迷宫般的普通人的内心世界。在《鸽翼》(The Wings of the Dove, 1902)中，他发掘了人物"最幽微、最朦胧的"思想和感觉，把"太空中跳动的脉搏"转化为形象。在兰登书屋（Random House）1996年评选的20世纪百部最佳英文小说中，亨利个人就占了三部。
2. Viacom是全球第三大媒体和娱乐公司，著名的CBS（哥伦比亚广播公司）就在它的旗下。
3. 法国大数学家阿达玛（J.Hadamard）对"内省"（introspection）有过简明的解释：内省的心理学方法就是主观的方法，即"从内部观察"的方法。"有关思维方式的信息直接来自思想者本人 —— 他通过观察内心来报告自己的心理过程。"

随着大众文化的民主化和还原论与实证论在科学中的兴起，这种风格的心理学在20世纪都烟消云散了。心理学拓展了研究的对象——让妇女、儿童、工人阶级、非西方人和灵长类动物进入它的领域——但是紧缩了研究的问题。同时，随着电影、广播、电视等大众媒体的兴起，文化产业有了更多的顾客，也失去了过去占主流地位的小说和戏剧的亲和。在这些媒体的观众看来，人性的文化形象多了僵化而少了敏感。与此相应的是，心理学的内容也在总体上大为简化了。20世纪20年代华生[1]和50年代斯金纳的行为主义把主观经验看作错觉，把学习作为行为的基础，把几乎所有其他的事物——思想、感觉和社会的相互作用——都从心理学赶了出去。

随着60年代的认知革命，计算取代了学习而成为心理学最流行的隐喻。一些心理学家从而解放出来发展知觉、推理和谈话的计算机模型。不过，某些模型并没有扩张多少学科的主题。严肃的心理学家仍然忌讳写真正的社会、性和家庭关系或者多变的意识状态，如浪漫的爱情、父母的骄傲、职业的嫉妒。实证论、经验论和还原论把证明的负担转移到了那些想考察人类意识的人身上；任何不能在实验室证明的思维状态都被认为是不真实的。由于几乎所有关于人类有意识的内心活动的东西都不可能这样袒露出来，在那时可能的实验条件下，大多数主观的人类活动都被排斥在心理学的大门外了。

总的说来，西方文化和西方心理学在20世纪都美国化了。它们的领域更宽广，却不那么精密；方法更客观，结果却不那么准确；政

---

1. 华生（John Broadus Watson, 1878—1958）是行为主义心理学创始人，他根据对动物和儿童心理的研究，主张作为自然科学的心理学应该研究行为，而不应该研究意识。

治上更加进步，却不那么有人情味。它们也关心个体，不过是被剥夺了社会、性和家庭关系的分化了的陌生对象。最后，它们能更加有效地描述和探索对广告和宣传的简单的下意识反应，却不大接受涉及模糊、想象、同情、道德判断或美学抉择的任何有意识的状态。心理学认定它不得不在分析行为与理解意识之间、在经验的重要性与主观的精确性之间做出选择。

我想未来50年将证明这种主张是错误的。新技术有能力证实更多的人类的主观经验。只要科学家的工作是研究在有意义的社会条件下的真实思想和意识，就可能产生更丰富也更精确的人性模型。

例如，脑图像方法能说明当我们在实验室进行一定的精神活动时，哪些脑区域在活动。直到目前，多数这类实验都是根据标准的知觉心理学或认知心理学来做的，对参与者没有内在的意义。读大学的时候，我也做过这样的脑图像实验。在哥伦比亚医学院，我被绑在床上，头连着20个盖革计数器，呼吸着氧和放射性氙的混合气体，花6个小时在简单的几何图形间进行选择。当然，实验有助于我们识别与图形识别有关的大脑区域。但我在考虑那些图形的时候，还有许多跟图形识别不相干的思想和感觉：担心我和女朋友刚吵了架，回想帕索里尼[1]的电影情节，想着里根总统的老态龙钟。从研究者的观点看，这些偶然的念头都是"噪声"，只要实验里的这些不相干的思维状态具有足够的多样性，研究者可以放心噪声最终是能被消除的。

---

1. 帕索里尼（Pier Paolo Pasolini, 1922—1975）是意大利作家，小说重视视觉映像，成了电影导演喜欢的题材。后来他自己也做了导演。作品有《一千零一夜》《马太福音》《十日谈》等。1975年被同性恋少年杀害。

　　然而，实验还有一些特别的事情，似乎说明参与者的思想和感觉要比实际的简单得多。我们应该承认，目前的脑图像技术还不能很好满足我们研究现实社会状况下流动而复杂的思想和感觉 —— 我们应该努力发展那样的技术。在一定程度上，空间和时间分辨率更高的仪器更能有所帮助，假如能精确测量在1毫秒×1毫秒基底上有多少个立方毫米的大脑区域在活动，我们就能研究更微妙的心理学过程。另外，研究作风也需要改变。我们可以继续发扬19世纪勃伦塔诺和詹姆斯实践的传统的"内省"方法。在内省中，心理学家自己就是他最好的研究对象。我们可以让自己坐在脑图像仪下，系统考察我们的思维状态，看看什么在活动。然而这跟闭门自省有同样的局限：我们不可能在关注大脑状态的经验数据的同时，还继续进行各种带着强烈主观色彩的现实的社会活动 —— 如谈话、调情、讨价还价、争辩、哺乳，等等。为了做到这一点，我们需要轻便、结实而又不显眼的脑图像系统，只有那样我们才能将大脑全部的真实的能力展现出来。

　　确认人类意识复杂性的另一关键技术是把基因的表达模式画出来。每个大脑细胞都有一组完整的基因，但在任何给定的时刻只有某些基因能表现 —— 就是说，只有某些基因能转录到RNA，然后转录到蛋白质。而且，不同的大脑区域有着不同的基因表达模式，这些模式随时间而改变，不仅在从胚胎到成熟的演化过程中改变，也随日新月异的情况而改变。在社会环境、神经心理学、基因表达和行为之间，存在一个反馈的环。当我们恋爱，当朋友去世，当我们得到升迁，我们大脑的基因表达模式无疑会改变。几乎每一个持续时间超过几个小时的思想过程都包含着基因表达的改变，科学家刚开始跟踪这些变化。

一旦技术进步，我们能实时跟踪基因表达，一个新的复杂的心理学世界将出现在眼前。我们将看到，现代的社会处境可能产生相应的遗传进化影响下的行为能力。我们还将摆脱所谓环境与遗传"混淆不清"的胡言乱语，更清楚地看到一定的处境、思想和感觉如何激发一定基因，一定的基因又如何发生反作用。当我们在我们整个大脑里找到进化的遗传印迹，就不会再有人指责进化心理学不过是一堆"如是我闻"的故事了。

如果我们有勇气以同情的态度来运用脑图像和基因表达图的新发展，这些新的技术将说明更广泛的人类经验。如果能在意识状态下——现在看来那是短暂而奇异的状态——发现真正的神经和遗传的印迹，那么我们会更严肃地把那些状态作为人性的一个普遍的组成部分。我们本不该需要这样实在的证明，但我们现在确实需要：似乎存在那么一种天生的倾向，个人自己的精神生活仿佛比其他任何人的更复杂，更有意义，也更正确。19世纪的内省家们把精力集中在自己身上，忘了别人，描绘了一个丰富的内心世界；20世纪的行为主义者们忘了自己，把心用在别人身上，在学习和计算的基础上描绘了一幅粗野的人类本性图像。21世纪的心理学家们，将从人类意识那倏忽无常和捉摸不定的表现中发现神经和遗传的信号，从而打破自我与他人、主观与客观之间的分野。结果应该是一个更有人情味、更加包容的人的科学。我的希望是，2050年的大学新生在上心理学入门课的时候，会惊叹"啊哈！原来我们就是这样从y感觉x的呀！"而不会像我们今天到处听到的那样抱怨，"说到底，这跟我们的现实生活有什么关系呢？"

米勒（Geoffrey Miller）

米勒（Geoffrey Miller）是新墨西哥大学进化心理学教授，《杂交的思想：性选择如何形成人性的进化》（*The Mating Mind : How Sexual Choice Shaped the Evolution of Human Nature*）一书的作者。

幸福的未来

M. 西克斯詹特米哈依
Mihaly Csikszentmihalyi

有一个问题将在未来50年成为焦点：我们应该如何发挥控制人类基因组成的能力？过去，我们的先人用粗糙的遗传选择方法来决定哪些小孩活到哺育后代的年龄。现在我们通过科学的帮助也掌握了实现相同目标的那种可疑的本领。

远在人们猜想存在基因之前，农民就发现母体的特征传给了后代，于是他们能通过有选择地培育最好的品种来提高南瓜的产量或猪的重量。那时很容易把这种原理用于人类。柏拉图在《理想国》第五卷中用了很大的篇幅讨论如何用培育猎犬的方法来为他理想的国家培养统治者。例如，他在第459章写道：

> 最好的男人应该尽多地与最好的女人结合，而最坏的要尽少地与最坏的结合……假如要保持最好的品质，他们应该养育好的后代，而不应该养育坏的后代。这些过程应该只让统治者知道，否则会有激起……叛乱的危险。

在更前面的第三卷第415章他写道，"神晓谕统治者的第一原则是……他们必须护卫种的纯粹，没有比这更需要他们认真维护的东西，或者说，没有什么东西更需要他们做那样好的护卫者。"实际上，我们知道的任何社会都有过这样的习俗，今天也许可以为它们贴上"优生学"或"遗传工程"的标签。这些行为常常能在与生物学毫无关系的东西那里——如宗教或风俗——找到正当的理由。不过，它们的实行大概是因为人们认为它们有助于种族的延续。我们应该记得，人人都有生育后代的权利是近代才有的思想；过去的社会则把生育的特权都给了那些可能产生优秀子孙的人们。

积极的习俗促进了有令人羡慕的外表（包括健康、强壮和美丽）和成功的事业（如财富和权利）的个体相结合。门户不等的人，可以通过各种方法来达到结合：结婚前要彩礼和嫁妆几乎是普遍存在的习俗，它保证未来的父母能有足够的财富和家庭支持来抚育他们的孩子，不让他成为社会的负担。

消极的习俗阻碍那些具有不受一定社会欢迎的特征的人生育后代。其中一些几乎是顺其自然的。例如，穷人和病人不愿结婚生子。但另一些却是更主动的行为，如阉割或把婴儿杀死。本来为着其他不同目的的文化习俗，却常常可能产生实在的优生学影响。例如，俄罗斯东正教有一个仪式：把新生婴儿赤裸裸地浸在冷水中，让他们接受圣灵的恩惠，使灵魂免受永恒的诅咒。这个习俗带来一个意外的后果：身体不好的婴儿会死在洗礼中，于是他们的基因就从基因库中清除了。我们只能想象，这些仪式能流传下来，是不是主要因为它们的虔诚或它们产生的遗传优势能带来内心的安宁？也许，它们是很多因素决定的，宗教和遗传的优势，相对于当时文化的其他习俗来说，更容许它们的存在。

　　那些习俗多半漫无目的，在认识不同的特征如何从一代传到下一代时，它们没有任何基础。不过，这种状况在即将到来的几十年里肯定会发生根本的改变。当前人类科学中最有活力的两个分支：一个是行为遗传学，它试图确定像精神分裂、离婚倾向、政治信仰甚至幸福生活等行为和品性有多大的遗传能力；另一个是进化心理学，它寻求这些特征赖以选择和遗传的机制。两条路线都认定先天遗传与后天培养在形成我们的行为、思想和感情的过程中都发挥着潜在的作用。不过跟20世纪的学习效应（learning bias）不同的是，它们更看重先天的作用。

　　随着遗传学的进步，这股潮流在未来的半个世纪里一定会更加汹涌。尽管几乎没有什么重要的特征是靠一个或几个基因的作用决定的，还是有些遗传工程学家相信，"设计师的婴儿"的时代已经到来。即使他们过分乐观了，我们也不能愚蠢地对可能马上就要面临的抉择视而不见。我和我的同事们在最近的一个研究中访问过100位前沿的人类遗传学家，有趣的是，他们不在乎研究中的那些有着更多争议的东西，多数认为那跟优生学之类的事情没有任何关系。他们不相信人类能克隆自己，不相信自己的发现可能被滥用。他们几乎一致地宣称，关于基因工程的潜在应用，他们没有特别的知识，也不承担任何责任；他们坚持认为那属于政治抉择，应该由整个社会来决定——尽管"社会"还缺乏做出合理抉择的专门认识。这种状况跟半个多世纪以前原子物理学的情形没有什么不同——即使玻尔（Niels Bohr）那样的大思想家，在40年代还认为核裂变实验不可能有实际应用。

　　但是，不论是否情愿，我们需要马上做出抉择，而那些抉择将决定我们的未来。例如，我们设想可以很快地极大提高普通智力因子 *g* —— 它是教育体系高度重视的语言和数学技能的基础，在其他生命领域也起着重要作用 —— 这个主意好吗？[1] 几个评论家指出，社会已经被知识分化到了令人厌恶的程度。在不远的过去，勤劳、诚实、友好和善良的人，不必"才思敏捷"，也被认为是成功的；而今天，抽象的思维技能正在成为成就任何功名的先决条件。假如我们发现了强化这种特质的遗传方法，人类的智力将指数式地增强。如果"超聪明"的人和普通人之间距离拉大了，在他们的经济和政治力量之间也会出现巨大的鸿沟。基于知识的"同族婚配"已经出现了，还将更加流行。一个智商超过200的人做梦也不会想跟一个智商不足150的人结婚。假如这种工程影响了族谱，这些分化将自动传给下一代。

不过我们还可以想象，假如我们发现了增强每个人的智力的方法 —— 那当然是不大可能发生的平等主义的故事 —— 从而可以提高整个人类的智力底线，结果会怎样呢？那想法好吗？答案是我们不知道。大多数生物学和心理学功能只能起"小剂量"的作用，一旦过分就变得危险了。如亚里士多德指出的，美德到了极端也成为缺点：如勇敢变成鲁莽，谨慎变成多疑。天才与疯狂的模糊关系意味着过分的聪明也可能成为自己的障碍 —— 例如，过于敏感容易产生焦虑和抑郁。或者，当理性的力量扩张到了与兰德[2]的自我中心态度相结合的地步，就可能产生一个比我们现在更残酷、更无情的种族。

1.20世纪初，英国统计学家斯皮尔曼（Charles Spearman，因子分析法的发明者）发现，不同的智力测试的结果中存在一个共同因子，他称之为*g*，代表一般性智力。最近的研究似乎证明智力是大脑特殊区域产生的，可能真的存在那样一个一般性的因子。
2.兰德（Ayn Rand，1905—1982）的哲学是"人为自己而活"，人的最高目标在于追求"理性的自利"。她主张理智、自我、个人主义，极力推崇"自由放任"。她的哲学为某些贪婪的野心带来了一丝道德的安慰。

更基本的问题是，如果有了那些方法，那么在改动人类基因组的时候，我们的目标是同一还是多样？同一肯定会有很大的压力：每个人都想自己的孩子聪明，漂亮（公认的美的意义），雄心勃勃，事业成功。多样性却冒着风险。谁愿意把赌注下在未知的和未经证实的事物上呢？不过，生物学家威尔逊（E. O. Wilson）赞同生物多样性的观点仍然适用于心理学特征；越来越趋向同一的种族，不仅危害着人类的敏感性，从严格的生存观点来看也有着潜在的危险。因为未来很难预料，所以最好的策略是拥有多样的潜在能力，这样，我们才可能对突然出现的新环境产生适应的反应，而不致将自己锁定在当前条件下的所谓最好的模式。

假如人类遗传工程能在市场驱动下进行（而不受一个中央计算机的指挥 —— 它将决定下一代的社会需要多少战士、多少工人、多少懒汉），那么最大的需求很可能是哺育幸福的孩子。如果问父母对孩子最大的希望是什么，一般的回答是，他们希望孩子受到良好的教育，找到好的工作；而最重要的是，不论他们如何选择自己的生活道路，都应该是幸福的。当代的父母似乎赞同亚里士多德，他们懂得，如果说其他好东西是通向某个目标的方式，那么幸福本身就是那个目标：它是我们希望通过教育、金钱、美丽和智慧来获得的东西。假如可能通过遗传工程来产生幸福，那将成为父母的第一选择。

行为遗传学家研究了同卵和异卵的双生子，让他们一起成长，然后彼此分开。结果表明，至少50％的幸福是遗传下来的。我们有理由对这些研究如何度量"幸福"提出疑问，不过有一个事实看来已经很清楚了：存在一个幸福的基点，它在人与人之间有所不同，而相对说来不受外在环境波动的影响。当然，一个人群的一般幸福水平也受经济条件（在某种程度上，钱与幸福是相关的，但是超过了一定的收入底线——例如葡萄牙和韩国的平均水平——更多的收入并不能带来更多的幸福）、政治地位和许多其他外在因素的影响。但不管怎么说，个人的遗传仍然起着很重要的作用。

所以我们设想，在未来的几十年，有可能通过遗传工程来增强我们孩子的幸福。我们会利用这个机会为他们做好事吗？社会和整个人类会从这个抉择获得好处吗？这些问题的答案会怎样呢？我们可以在这里先回顾一下我们仅有的一点关于幸福的认识。

首先似乎可以肯定一点：人们对幸福的自我感受，是幸福的一个十分恰当的度量。它还密切联系着家庭和朋友的感受，联系着病理学和相关的行为——总之，自以为幸福的人，看起来和做起来都应该像是我们认为的幸福的样子。他们喜欢交朋友，有稳定的社会关系，过着健康和富裕的生活。这些都是没有疑问的。

但是，也可能存在一些有趣的然而消极的方面。例如，幸福的一个最为流行的定义说，幸福是一种不再有任何其他欲望的生活状态。幸福的人不太在乎物质财富的多少，不受广告宣传的影响，不为功名利禄所驱使。为什么会那样呢？他们已经幸福了，不是吗？幸福者的社会观大概足以彻底粉碎我们建筑在不断增长的消费和永不满足的欲望基础上的生产体系。

理论心理学能为这些迫在眉睫的抉择提供什么答案吗？大约20

年前，这门学科还几乎不谈幸福。对严密的科学研究来说，幸福的问题太"软"了。为了走出困境，心理学将不得不再回到它原来的对象：心智 —— 不是飘忽神秘的灵魂似的东西，而是当我们的注意力转向分析、综合和回应外在刺激或内心状态（也就是思想和感情）时，从我们的意识产生的一系列非常具体的现象。意识流在多数科学家（包括心理学家）看来太过主观了，不适合严格的科学研究，但事实上那是我们能获得的最客观的数据。科学事实和基于它们的知识是别人说的，我凭信仰可以愉快地接受；而意识的活动，如恐惧、欢乐、愤怒和希望 —— 我能亲身经历，其实在性是不容争辩的。

对我来说，我决定发展一门系统的现象学，它将回答以下的问题：人们的思想、感觉、目标和行为，在普通的一天是如何波动的？在人的一生又是如何波动的？意识流的这些不同部分是如何相互联系的？在日常生活中人们何时感觉幸福？每一个这样的问题都可以引出几十个更进一步的问题，还包括，年龄、性别、种族等诸如此类的差别如何影响意识，某个时刻测度的模式与一年以后的模式有什么联系。这些事情中，我们所知道的是，怀着明确目标紧张投入挑战活动的人比那些过着轻松安逸生活的人更幸福。一个人为自己工作越少，社会关系和承担的义务越多，他就越感觉幸福。

还需要认识到，意识有其自身的具体的实在性，当我们拿适用于不那么复杂的系统的方法来分析它时，一开始就把它破坏了。它是一个开放系统，状态不停地随时间而变化。例如，即使你已经掌握了60秒钟之前我大脑的一切信息，如化学、遗传背景、过去学过的东西，等等，也不可能根据我1分钟前的思想来准确预言我这时在想什么。在那两个时刻之间发生的事情，不论听到的、看到的或感觉到的，都可能在1分钟内进入我的意识，以全新的不可预料的过程形成我的思想和感觉。

在创造性活动中我们可以清楚地看到意识的不确定性。普遍认为，一首诗（或一支奏鸣曲、一幅画、一个科学理论）的基本要素可以从诗人的意识中找回来——只要我们完全把握了他的意识的所有信息。就是说，我们跟胚胎发育的小人理论[1]是遥相呼应的，相信创造性工作包含在创造者的身上——尽管只表现为某种微观的或密码的形式。诗人可以从一个字或一个短语开始——原来没有什么意思的普通字眼在那个特别的时刻似乎令他特别感兴趣。如果我们知道诗人刚才的意识和感觉，也许就能解释为什么那个字眼突然有意思了。但是接下来发生的事情就不知道了：那个字眼可能引出无法预料的思想或联想，而那些引出的东西又打开了新的思想和感觉的方向，引出更多的文字。这样，一个意境的圆圈在一个突现的、自组织的系统中逐渐展开来——它的基础还是诗人开头的意识，但已经不可能再还原了。

我们用不着借创造性活动来说明这个过程。让我们来看一个更普通的例子，看父母对他们的新生宝贝有什么反应。遗传和进化心理学能告诉我们，父母如何与他们的孩子相亲，他们为什么会那么亲密。养育孩子是最古老的人类经验之一，自从有了人类以来，它就是每一代人的经验。不过，一个人即使知道所有关于生孩子的事，第一眼看

---

1. "小人理论"认为在我们大脑的某处有一个小矮人，试图模仿大脑正在进行的活动。克里克（Francis Crick）在《惊人的假说》（见《第一推动》丛书）中称它为"小矮人谬误"（the Fallacy of the Homunculus）。这是一个诱人的伪科学的理论，与神创论、活力论、外星人杂交论等没有本质的区别，它们都是以一个更大的问题来替代我们的传统问题。

到自己的孩子仍然是独一无二的经历，不可能为它做好充分的准备。捉摸不定的地方在于一个人如何认识自己的配偶、经济状况和生活里的一切 —— 更不用说宝宝的模样、身体和行为 —— 所有这些因素都可能与宝宝的出生这件大事有意义地结合在一起。你可能想通过尽可能多地了解父母来猜测那些因素会产生怎样的联合作用，不过那种猜想是不会准确的，因为影响父母意识的还有太多外在的变化的因素。

假如心理学要把意识流纳入它的领地，它可能为我们选择我们向往的光明的未来提供需要的知识。知识每多一点进步，我们就多一分责任。过去，我们仿佛坐在进化的四轮马车上的悠闲过客。今天，进化更像飞过太空的火箭，我们不再是乘客，而是宇航员。我们会创造出什么样的人来呢？是像我们的机器和计算机那样的血肉躯体，还是朝着前所未有的方向快乐进化的有着向宇宙开放的意识的生命？

心理学开始显现出沿着后一个方向前进的迹象。在美国内外的众多研究中心，严肃的学者们正在研究智慧、生命目的、内心动机、灵性等课题 —— 在几十年前，它们还都是门外的话题。美国心理学会主席塞里曼（Martin E.P.Seligman）在最近的任职期间掀起了专业领域的"积极心理学"运动，超越了传统的治疗精神痛苦的目标。今天，运动的成果之一是拓展了一系列普遍存在于不同时代和文化的"力量"，如智慧、勇敢、坚韧和诚实。接下来的一步是把如何运用这些力量的知识集合起来。最后，这些知识应该渗透整个专业，使它与治疗和预防实践有同等的重要性。我们需要那样的科学来迎接未来50年的挑战。

西克斯詹特米哈依（Mihaly Csikszentmihalyi）

西克斯詹特米哈依（Mihaly Csikszentmihalyi）是出生在匈牙利的博学者，曾为芝加哥大学心理学系主任，现在是加利福尼亚克莱尔蒙特大学戴维逊管理教授。他在最佳体验心理学的研究和理论已为国家领导人克林顿和布莱尔以及许多世界大公司总裁们付诸实践了。他的著作包括畅销书《流：最佳体验的心理学》（*Flow:The Psychology of Optimal Experience*）、《进化的自我：第三个千年的心理学》（*The Evolving Self:Psychology for the Third Millennium*）、《创造力》（*Creativity*）和《发现流》（*Finding Flow*）。[1]

---

1. "流"或"畅"（flow）是西氏提出的一个概念："具有适当的挑战性而能让一个人深深沉浸于其中，以至忘记了时间的流逝、意识不到自己的存在的体验。"这里提到的两本关于"流"的书，在我国台湾出版的中译名分别是：《快乐：从心开始》《生命的心流》，很传神。

50 年后我们
还会忧伤吗

R.M. 萨波尔斯基
Robert M.Sapolsky

当我们走上新世纪的征程，忍不住想做两件事情：一件是总结 —— 把荣誉献给刚刚过去的一个世纪的最重大的事件或成果；另一件是展望 —— 对我的某些同行来说，就是选出某个20世纪的疾病，努力去认识它未来的行迹。

考虑选择什么病的时候，也许有人会关注1900年以来被攻克了的那些疾病。在那个范围里，逻辑的选择是天花 —— 它的消灭是医学的一个伟大胜利 —— 但从感情上讲，人们可能更愿意选择小儿麻痹症，尽管不幸的是它还在很多第三世界地区肆虐。在西方，人们现在还记得小儿麻痹症肆虐的20世纪初的铁肺恐惧。[1] 许多小儿麻痹症的幸存者在50岁以后还受着后遗症的折磨，那是最后的痛苦，衰弱但还没有崩溃的神经肌肉系统已经老化了几十年，肌肉变得衰弱和萎缩。另外，萨宾（Sabin）与索尔克（Jonas Salk）的争论也还有耐人寻味的地方。[2] 当然，

---

1. 1929年，哈佛大学的工程师德林克（Phillip Drinker）用旧真空吸尘器的零件做了一个呼吸器，通过真空管有节奏地把空气吸入和排出病人体内。在索尔克发现脊髓灰质炎的疫苗之前，它是脊髓灰质炎患者的唯一希望。
2. 1952年3月26日，匹兹堡大学的索尔克博士培育的一种预防脊髓灰质炎的疫苗在90个成人和儿童身上试验成功。后来，辛辛那提大学的萨宾研制了口服用脊髓灰质炎减毒活疫苗，也就是今天的小儿麻痹症口服糖丸。然而，1954年诺贝尔生理学或医学奖授予了首次在非神经组织中培养出脊髓灰质炎病毒的三个科学家，却没有给他们两位。

我们的选择也许应该落实在那些在整个历史进程中几乎以相同速度蔓延的疾病——现代科学对它无能为力，不也是很好的新闻卖点吗？在这种情形，可以考虑疟疾。20世纪还出现过一些令人谈之色变的疾病——如艾滋病以及跟它同样可怕的癌症、心脏病、糖尿病和阿尔茨海默症。

但是，如果要选择一种疾病，既是毁灭性的，又对现代医药具有惊人的抵抗力，而且已经流行起来，那么我想应该是"大抑郁"（Major depression）[1]。

我说的"大抑郁"，不是令我们日夜担惊受怕的失败和挫折，不管它是什么，我们最终会发现它不是世界末日。大抑郁令患者度日如年；他们陷入绝望的深渊，不能工作，不能社交，不能爱，不能睡，不能吃。他们甚至活不下去了，几乎一半的人在不同的时候想过自杀。抑郁是标准的现代精神疾病：它是涉及基因、神经化学、荷尔蒙等诸多方面的一种导致精神"病"的生物学障碍，这种障碍对环境特别敏感，患者容易产生绝望和无助的感觉。

大抑郁的流行触目惊心，大约15%的发达地区的人在一生的不同时期经受过抑郁的折磨。抑郁正变得更加普遍：最近50年，西方国家的抑郁人数在持续增加。也许有人怀疑这个事实潜藏着虚假——因为今天的抑郁者比过去更愿意寻医问药，而保健专家似乎也比50年

---

1. Major depression是《美国精神病协会精神疾病诊断和统计手册》（DSM-III，1980）首先使用的，在中文里似乎还没有约定的名词（有"重性抑郁症""主要抑郁症"等说法）。译者觉得这里应该用一个更简单响亮的名字，当然它不符合医生的规矩。

代的医生更有希望诊断抑郁 —— 为了澄清这样的混乱，这些研究是
精神病学中前所未有的最严格的流行病学研究，而且是在周密控制下
进行的。抑郁人数确实在不断地增加着。

那么，大抑郁在未来50年的命运会怎样呢？不幸的是，我怀疑
这个医学灾难不会消失，而且还可能更加猖獗。

凭什么得出这个结论呢？首先，关键的一点是，我们需要懂得紧
张与抑郁之间的联系，还有我们的生活怎么会越来越紧张。我们（和
我们的身体）很可能不堪忍受某些外来的挑战 —— 假如我们缺乏控
制它的意识；或者不能预感它什么时候到来，不知道它会变得多么恶
劣；或者没有社会的支持，无法排解由它引起的失落。抑郁的一个非
常有用的模型是心理学家塞里曼（Martin Seligman）和他在宾夕法尼
亚大学的同事在20世纪70年代发展起来的。模型叫"习得性无助感
（Learned Helplessness）"，就建立在刚才说的那些因子上。面对心理
学的紧张刺激时，我们多数人能把它放在一定的背景下，限制在一定
的范围内，知道它不能代表整个世界。就是说，我们能应付它。当我
们失去那个界限，而且将它无限扩大，抑郁就产生了，也产生了扭曲
的结果："不但这件事情可怕，我控制不了，所有的事情都可怕，我的
生活中没有一件我能把握的事情。"抑郁患者就在那样的经历中感觉
无助。强烈的紧张可能把所有的人都推向那种幻觉，而抑郁的生物学
风险更大的人会更加脆弱。从一定的生物学水平说，大抑郁是紧张后
的失调，它屈从于彻底的无助感，并最终走向绝望。

为什么越来越多的人变得抑郁？我为什么认为还会继续多下

去？运气好的话，应该有很多东西使抑郁的流行慢下来。例如，50
年后，小女孩很可能比她们的前辈更能决定长大以后做什么样的
人 —— 神经外科医生、公司总裁或者足球明星。制度下的种族隔离、
犹太人配额[1]、"不招爱尔兰人"的牌子[2]，都将成为模糊的历史。许多长
期遭受歧视的人们，将来不会再经历那样无助的煎熬了。而在某些
方面，我们的地球也许真的会变得不那么严酷：我们可以乐观地预言，
越来越多的人至少表面上将过着自治的生活。奴役、强奸和寡妇自
焚[3]，同样也将在世界范围内减少 —— 当然，也许那是我们对人类的过
高期许。

另外，科学发现了越来越巧妙的同大抑郁搏斗的办法。我们认识
了一些神经传递介质 —— 大脑里的化学信使 —— 它们可能在抑郁中
出现反常。最显著的例子是5-羟色胺，它有许许多多的功能，包括影
响很可能与抑郁相关的情绪调节。目前我们最多可以猜测，在抑郁中，
要么是作为信使的5-羟色胺太少，要么是目标神经元对5-羟色胺传
达的信息太不敏感。这个观点的最有力证据是有名的抗抑郁药物氟西
汀的作用。它恰当而有选择地增加在神经元之间传递信号的5-羟色
胺。下一代氟西汀就在眼前了，它的作用会更快、更强，而副作用比
以前更少，如偶尔出现的男性患者的性功能紊乱、记忆力下降、精力
不集中等。我们还认识了紧张、失望和某些荷尔蒙（在这种状态下还

---

1. 1940年，纳粹德国疯狂迫害犹太人，美国政府不想因为犹太难民问题与希特勒和傀儡的维希法
国闹僵关系，要求各地使领馆缩减大多数赴美犹太人配额。刚上任的驻马赛领事海勒姆·宾厄姆
（Hiram Bingham）却"违反了美国的反难民政策"，在一年之内救助了2500多名犹太人（包括著
名艺术家马克·夏加尔、马塞尔·杜尚、马克斯·厄恩斯特等）。60年后，美国政府表彰了他们的
这位辛德勒式的英雄。
2. 在美国，过去在招工广告里常常用大字写着"不招爱尔兰人"。
3. 直到今天，在印度一些地方还遗存着这样的风俗：妻子在火葬丈夫时自愿投身烈火，这样可以
赢得"荣誉和尊重"，据说还可阻止灾难的发生。

是一个谜）如何能产生抑郁的神经化学变化。根据这些发现，我们正在荷尔蒙水平上寻求治疗抑郁的新途径。

我们对抑郁的认识还在一点点地增加。在许多长期的抑郁病人的大脑中，似乎有些区域异常地小 —— 特别是海马状突起，它对一定类型的记忆的形成起着关键作用。有长期严重抑郁病史的人都存在着这种可能与海马状突起萎缩相关的记忆缺陷。我们也在学习遗传对抑郁易感性的影响 —— 例如，当5−羟色胺在大脑内传递信号时或者在紧张荷尔蒙的合成中，遗传因子起着什么不同的作用。

这些发现一定能开辟新的治疗前景，而且已经在我们的工作中初露端倪了。当我们逐渐认识了使人与人成为不同个体的生物学时，也许会出现最激动人心的进步。跟在那些认识的后面，我们将更好地认识抑郁的个体诱发因子。

有了我们的科学进步，有了减轻我们无助感觉的因子，我为什么还说我们会更加忧伤呢？主要是因为我想着我们今天的文明里还有许多激发抑郁的东西。我能想象，一定有人会愤怒地批判我正在把人引向邪路："你要抱怨当今世事艰难吗？那么杜奇曼夫人（Barbara Tuchman）的欧洲呢？大抑郁呢？听说过第二次世界大战吗？"

据我通过杜奇曼夫人那"遥远的镜子"对14世纪生活的认识，我完全有理由相信，那时的每一个人都可能很抑郁，中世纪西方人的精神跟我们今天是迥然不同的。[1] 不过现在，近50年的不断挑战特别可能产生抑郁 —— 主要是因为，离开了社会的支持，生活里越来越多地发生着令人抑郁的事情。过去给我们带来安慰的东西，在即将到来的年代一定会逐渐变得软弱无力。"家庭"将不得不面对有增无减的离婚率；稳定的社会联系将不得不屈从于我们珍视的活动和隐私的自由。今天，在我们的文化里，那种一生都生活在亲戚朋友包围的小村庄里的人已经十分罕见了。

另外，我们的技术似乎不会帮我们缓解紧张，尽管（或者也许可以说因为）我们希望那样。我们会继续推出能节约时间的发明，然后像过去一样，又增添几分多做些事情的希望。我们将拥有更多的物质享受，但我们会重新定位对权利的基本认识。我们有数不清的小玩意儿，有享不尽的闲适和安逸，但是，当我们为早餐的米粥，为整容手术，为新款汽车或者新式婚礼犹豫不决，不知哪样更令我们快乐时，才发现这些选择往往都是徒劳的。

对总体的无助感觉来说，我们的许多紧张性刺激都有特定的来源。虽然在我们可能更加文明的未来，野蛮会受更多的制约，但那些破坏规矩的人也可能有着更强的技术，那不是挥舞棍棒的城市流氓，而是兵器库或者"民兵"。不论我们的全球媒体村会从它今天仅有的500个有线频道变成什么，我们都能通过它的视野亲临每一个惊心动魄的恐怖场景：邻近城市的枪击、另一个大陆的屠杀、凄惨的垂死儿童、

1. 杜奇曼夫人是历史学家，她的《八月的炮声》(Guns in the August) 曾获美国普里策奖。在《遥远的镜子：多难的14世纪》(A Distant Mirror: The Calamitous 14th Century) 里，她以14世纪的灾难岁月来映照20世纪的人类社会。

退化的生态系统 ……

不过，抑郁的人可能增加，还有一个关键的统计学的原因。当我们努力从20世纪末的回光挣脱出来 —— 我们在那个世纪里看到了种族可能净化、校园可能成为屠场、第一家庭可能肮脏龌龊[1] —— 我们的孩子却正坐在我们的身边。看看两个重要的事实吧：抑郁越来越多地在青年和少年中发生；小时候大的紧张刺激肯定增加成年时患抑郁的风险。儿童时代本该学习控制外在环境的能力和极限，学习什么是可以依赖的快乐源泉。而我们却在孩子更小的时候就让他们知道了邪恶的秘密 —— 世界到处是痛苦和悲哀，而我们却无可奈何。面对这样的现实，没有哪个小孩能像大人那样形成抵御的防线。有的人可能会超然物外，好好生活是对它最好的回应，这种态度理应成为一种风尚；另一种态度则更多地在那些顾影自怜的人中间流行，他们更脆弱，更容易绝望。绝望的种子已经在下一代那里萌芽了。

那么，化学药物能带来好生活吗？ —— 我们未来就要靠那些药丸来摆脱痛苦，换取安宁。目前所有的抗抑郁药物都不是很有效的。许多抑郁症患者因为不能忍受那些副作用，不得不把药停了。其他患者，有的只有在经过多年的不同药物实验后才能得到一定的缓和；还有很多连缓和也得不到。难道我们没有成功的可能，"让抑郁滚开"的药物最终将把那种疾病赶进档案馆里？显然，这样的事情不会发生，科学家也知道。写这篇文章的时候，我想找一个医药公司的市场副理，希望他能给我一张这样的药品广告："抑郁吗？太简单了 —— 这20

---

1. 我们还记得这些事情：科索沃战争、美国校园的枪声、克林顿的性丑闻 ……

年就靠它了。"可惜没有这样的人。即使对控制抑郁抱乐观态度的人，也不抱那样的希望。

　　这一点儿也不奇怪。医学可以通过多个途径取得进步 —— 我们曾经抽干沼泽的水来消灭蚊子；在非洲的某个小村庄追溯最后一个天花的病例；[1] 我们也认识了细胞如何产生癌变，个别马基雅维里式的病毒如何破坏原以为能破坏它的免疫系统。[2] 但在抑郁的医学问题上，那些方法都显得软弱无力。从来也不会有什么关乎生命荣枯的疫苗。到头来，一定有人要问的问题和研究抑郁的科学家、临床医生甚至进化心理学家也一定要面对的问题，不是为什么我们将有那么多人向抑郁屈服，而是我们多数人应该怎样控制和避免它。

---

1. 1979 年 10 月 26 日，世界卫生组织宣布：人类最后一个天花病人，来自 " 非洲之角 " 索马里的牧民 —— 阿里·毛·马林，在 1977 年被治愈了。1980 年 5 月，联合国在内罗毕宣告："天花已经在世界上绝迹。"
2. 马基雅维里（Nicolo Machiavelli, 1469 — 1527）是意大利政治家和思想家。在《君主论》（潘汉典译，商务印书馆，1985）中，他提出为了目的可以不择手段的著名思想。他还有一个有趣的比喻说，" 君主必须是一头狐狸以便认识陷阱，同时又必须是一头狮子，以便使豺狼惊骇。"

萨波尔斯基（Robert M. Sapolsky）

萨波尔斯基（Robert M. Sapolsky）是斯坦福大学生物学教授和斯坦福医学院神经学教授。他还是肯尼亚国家博物馆研究员。他原来关于紧张和神经疾病的研究是在实验室进行的，在23年里他每年都去东非塞伦盖提（Serengeti）大草原研究狒狒种群和这些动物的个性与紧张性疾病之间的关系。他最近的那本《灵长动物实录》（A Primate's Memoir）就是多年非洲生活的结果。他还写过一本《紧张、老化的大脑和神经元死亡的机制》（Stress, the Aging Brain, and the Mechanisms of Neuron Death），两本为普通读者写的《睾丸激素的困惑及其他人类困境的生物学随笔》（The Trouble with Testosterone an Other Essays on the Biology of the Human Predicament）和《斑马为什么不患溃疡：紧张、紧张性疾病应对指南》（Why Zebras Don't Get Ulcers: A Guide to Stress, Stress-Relate Diseases, and Coping）。

费米的"小发现"和　　S. 斯特罗盖茨
复杂性理论的未来　　Steven Strogatz

1942年12月2日，在芝加哥大学一个室内网球场进行的秘密实验中，费米（Enrico Fermi）建造了第一个自持的链式反应堆，迈出了原子弹发展的关键一步。[1] 费米也因此总被人想起，至少公众是这样记住他的。不过在科学家中间，他赢得尊敬却是因为他宽广的胸怀。费米也许是同时站在理论和实验物理学两个巅峰的最后一人。布罗诺夫斯基（Jacob Bronowski）[2] 曾有过挑逗性的评价："在我印象中，他是我见过的人当中最聪明的——当然，也许是除了一个人以外的最聪明的人。""他个头小，结实而有力，像个运动员，而且他心里总有明确的前进方向，仿佛能把事情看透。"

就在1954年去世前，费米从物理学家通常说的一个消遣问题得到了很大的乐趣。那是一个简单而优美的问题——没有讲什么太现实的东西，不过是探索他一直好奇的一个基本问题的方法。现在，他

1. 费米与原子弹的故事可以参见他夫人 Laura Fermi 写的 *Atoms in the Family: My Life with Enrico Fermi*（《原子在我家中》，何芬奇译，科学出版社，1979；《费米传》，何兆武、何芬奇译，商务印书馆，1997）。
2. 借萨根（Karl Sagan）的话说，在古今学者中像布罗诺夫斯基那样博学的还为数不多。他认为人类一切知识都是有趣的而且可以学会的。他的《人之上升》（*The Ascent of Man*）出版以后（四川人民出版社20世纪80年代出版过中文本；后来海南出版社出版的中译本为《科学进化史》），被改编为电视节目，也同萨根的《宇宙》一样反响强烈。

的机会来了。这时，费米在洛斯阿莫斯访问，正在找理由来试验新的 MANIAC——世界上第一台超级计算机。那机器在他看来就是挡不住诱惑的一辆赛车。

费米同帕斯塔（John Pasta）和乌拉姆（Stanislaw Ulam）一起工作，他们想让机器模拟32个粒子组成的弹性链的数千个变量。整个体系代表一个理想化的通过化学键束缚的一维原子晶格。对于小振动，化学键表现出线性行为：如果原子分开的距离增大1倍，那么把它们拉回来的力也需要增大1倍。所有传统物理学都建立在这样的近似基础上。但费米知道，如果振动大了，真实的化学键行为应该是非线性的，没人知道那种情况下会发生什么事情。那时的数学给不出答案：没人能解那么多变量的非线性系统的方程。

当然，问题也在这里。费米构造这个问题是因为传统方法对它无能为力。现在，有了MANIAC的帮助，他和他的合作者就要照亮经典物理学的那个非线性的黑暗角落了。他们的发现令人震惊。他们原想干扰静态系统时，非线性最终会使系统热起来——就是说，使系统退化到充满随机的状态，所有可能的振动模式具有相等的强度。这是热力学告诉我们的事情。但是，计算机却说不。经过很长时间以后，粒子几乎又回到了起点。这个奇怪的结果使人类第一次发现，非线性可能是惊人秩序的一个来源。非线性带来混沌，非线性又把它夺走。[1]

费米为那个回声现象感到高兴——据乌拉姆回忆，他亲切地称

---

1. 原文"Nonlinearity giveth chaos, and nonlinearity taketh it away."很有趣，显然借了《圣经》的句式，如"the Lord giveth, and the Lord taketh it away."（Job 1: 21）。

它是一个"小发现"——不幸的是他没能活着看到发表的结果。失去了费米,帕斯塔和乌拉姆在写那篇文章时也没愉快过,他们默默地计算,写进洛斯阿莫斯的内部报告。10年以后,它才作为费米著作的一部分发表出来。

费米–帕斯塔–乌拉姆问题在20世纪50年代初一定显得特别孤单。那时候,物理学都是关于量子电动力学的,没有人考虑跟经典力学一样陈旧而枯燥的事情。那个问题不是已经彻底考察过300年了吗?费米却不同,他认识到这个题目还几乎没人碰过;所有非线性问题跟从前一样令人困惑。在今天看来,不论对这个问题的选择,还是为了解决它而设计的革命性的计算机实验,都说明费米是多么有远见。经过适当推广,他的远见实际上更符合我们的时代,也适合未来50年的非线性动力学。

1953年,非线性动力学几乎不能把握涉及两个耦合振子的问题,更不用说更多的振子了。振子是工程师的东西,在前半个20世纪里,工程师们设计了很多应用非线性特性的工具:为最早的收音机和电视机供电的真空管,雷达和通讯的锁相线圈,精密光学和眼科手术的激光。所有这些发明都依赖于自持非线性振子——特别是依赖于它们相互同步或与输入信号同步的倾向。可是这些技术所用的振子很少,一般只有一两个。大量振子的排列是不可能的,那时还没有预言大量振子的集合行为的数学。

能处理大量相互作用粒子的学科只有统计力学,这个物理学分支的产生原是为了解释亿万分子组成的气体的行为。费米是统计力学的大师，很清楚它在热力学平衡系统发挥的作用。遗憾的是，非平衡现象完全是另一码事。这也正是费米–帕斯塔–乌拉姆模拟所产生的令人惊奇的结果：系统不像人们希望的那样固定在平衡状态。普通的统计力学在这里失去了意义。

　　在费米实验后的50年里，非线性动力学和统计力学都成熟起来了 —— 还有一定程度的重合。过去几十年的几个伟大的理论成果，利用两个学科的技术取得了惊人的进步。物理学家费根鲍姆（Mitchell Feigenbaum）运用统计物理学的重正化群方法（赢得过诺贝尔奖的方法）证明，存在一定的普适定律，决定着从规则行为向混沌行为的转变。他的预言很快在诸如心房、化学反应和半导体等众多系统得到了证实。理论生物学家温弗里（Arthur Winfree）证明，巨大的生物学振子网络的同步化现象令人联想起相变，就像水在临界温度下突然凝结成冰。复杂系统的其他重要模型 —— 考夫曼（Stuart Kauffman）的基因网络、巴克（Per Bak）的自组织沙堆、霍普菲尔德（John Hopfield）的人工神经网络 —— 都通过统计力学与非线性动力学的结合得到了说明。

　　非线性动力学是跟着由几个组织原理所决定的一个简单逻辑结构进步的。最重要的一个原理是，小系统比大系统更容易。最早认识的一类非线性问题就是那些只包含两个变量的系统 —— 如摇动的摆，其状态完全由位置和速度来刻画。如果这两个量确定了，我们就能预言它在未来任何时刻的准确位置。

　　三个变量的问题会野蛮得多：它们可以是混沌的。混沌意味着在确定法则统治下的系统也可能以随机的、似乎不可预言的方式运动。根据洛伦兹（Edward Lorentz）和其他混沌学者从1960年到1985年的研究，我们认识了这类奇异的行为方式的普遍性，解释了它们的一般特征。从生态系统中的种群涨落到水龙头无规则的滴水，混沌可能意外地出现在任何地方。混沌很快就在实践中应用开了，如编密码甚至作曲。

接着，非线性动力学的前沿转向了更大的系统，一般是大量相互作用单元构成的网络。在这方面，涉及大量耦合振子的费米–帕斯塔–乌拉姆问题更有现代意义了。在这类耦合系统中，还有进一步的组织原则将我们引向一些最容易处理的问题。有些原则是针对网络的组成单元而言的：例如，振荡单元的集合行为比混沌单元的集合行为更容易预言，同样的单元比多样的单元更容易预言。另　些原则是关于单元的联络方式的：规则或随机结构的网络比精巧联络的网络更容易。总结起来，这些启发指引我们去研究那些以离散晶格或其他简单排列方式耦合的全同振子的系统。在过去几年里，非线性动力学就是这样发展的。几个热点问题是关于多个耦合单元系统的同步化，如激光系统、神经元系统和所谓约瑟夫森节的超导系统。除了离散晶格外，有些研究者在关注连续介质中的模式形成，如流体、化学反应、神经和心脏组织。也许最激动人心的还是关于螺旋波动的动力学，它可能关联着心室纤维颤动（最危险的一类心率不齐）。

跟这些巨大非线性系统相似的，是圣塔菲研究所的研究者们所谓的"复杂性适应系统"——一些想象的由千百万个竞争的有机体、化学物质、公司或证券交易所组成的系统，每个系统都适应各自的环境，从而也改变其他系统的环境。这些系统的计算机模拟模型显然是推测性的，然而它提供的线索却让我们隐约看到了自然选择对一大堆问题的影响：生态系统的恢复能力、生命的化学起源、市场中公司之间的竞争以及股市的涨落。

从许多方面说，这些达尔文式的模型都是费米－帕斯塔－乌拉姆研究的智力后代。我们发现它们对计算机的态度是多么相似：不把计算机作为玩弄数字的机器，而把它作为一种解释的工具，一盏照亮我们在黑暗中摸索的明灯；我们发现复杂的非线性系统也同样享有意外秩序的魅力；我们发现这些模型都缺乏现实性。正如费米的一维粒子链是晶格的刻意简化，今天计算机模拟的复杂性适应系统也是真实生态系统和真实市场的粗略漫画。现在看来，那是不错的策略，但在未来的几十年，这个领域还要成长。我们面临的挑战是，寻求能囊括更多实在而不失远见的方法。

我们将面临的第一道障碍是刻画复杂网络的联络。现有的模型具有理想化的随机或规则的拓扑，而我们需要知道真实网络是如何组织起来的。如果我们想知道大脑如何计算，细胞为什么癌变，那是基本的要求。在过去的三年，我们已经开始研究一些网络的具体结构，包括血液网络、神经系统、电力网络和互联网络。令人惊奇的是，这些网络尽管千差万别，却有着某些普遍的结构形式。

例如，它们都表现出小世界现象（大家熟悉的所谓6度分离）：几乎所有的节点对都通过一条很短的链相连接。[1]而且，每个节点连接的数目倾向于幂律分布，那种分布曲线的尾巴比正态的钟形曲线要大得多。这意味着，绝大多数节点没有很好的联络，但是也有为数不少的巨大的联络中心——像网上的雅虎或者生化反应系统中的ATP。这些拓扑特征一定会影响网络所能支持的集合动力学的类型——它们对随机破坏或恶意攻击的反抗，它们传播扩散或支持整体计算的能力，等等。但是我们现在还一点儿也不知道如何将网络的拓扑与它的整个动力学联系起来。

实际上，在自然科学以外，我们几乎还没有好的动力学模型。尽管网络遍及生物学、社会学和经济学，但是对决定基因、个人和公司之间相互作用的法则我们还知道得太少。这是我们在未来50年需要清除的第二道障碍。如果不能从数据推测局部的动力学，我们的复杂系统模型就永远不可能超越漫画式的描绘。

1952年，霍奇金（Alan Hodgkin）和赫胥黎（Andrew Huxley）根据他们对乌贼神经轴突的电生理学测量，重构了神经动力学，这是从数据推测动力学的一个经典例子。他们有很好的条件做控制实验，在实验中，神经隔膜上的电压可以调节为任何数值，然后维持在那个水平。通过测量作为电压函数的穿过隔膜的钠、钾和其他物质流，他们导出了单个神经元的非线性动力学的准确图像。

1."6度分离"(six degrees of separation)是哈佛大学的米尔格拉姆（1933—1984，读者应该记得，前面讲过他有名的"服从权威"的实验）在1967年提出的。大概意思说，地球上任意两个陌生人平均只需经过6步就能发生联系。照他的说法，世界真是太小了。近几年来，本文作者和他的学生Duncan Watts对这个"小世界效应"进行了模型研究。

　　困难的是，这种策略当然并不总是充分的。在其他情形，它也许不可能在一系列希望的水平上把握任何变量。不过，还有更多的间接方法能做出这些必需的推测。例如，我们考虑控制细胞行为的遗传网络。现在我们有了 DNA 片段，能同时测量作为时间函数的几千个不同基因的行为，可我们还是不知道哪些基因在相互交流，也不知道它们以怎样的定量方式影响彼此的活动。所有信息都多少反映在 DNA 片段的数据上，可是我们不知道怎么破译那些密码。如果我们能发展根据多个时间序列的测量来推测动力学的系统方法，那进展一定有着巨大的意义 —— 不仅对生物学，也对社会学和经济学。

　　刻画联络特征的问题比推测动力学的问题容易得多。不过，就算两个难题都解决了，我们还会迎面碰上一个最根本的障碍。一旦投身去探索千万个相互作用变量的非线性系统，我们就不可能躲避这个障碍。它在费米−帕斯塔−乌拉姆问题中就以原始的形式显露出来了，说实话，没人知道该对它做些什么。我们总是忽略它，或者随意地改变问题的提法，但有时却不得不直接面对它。

　　简单说，困难在于我们的大脑只能想象三维的东西。进化已经那样地将我们的大脑网络固定下来了。有了计算机辅助训练，我们也许能模糊地感觉更多的维，但我想大概还是画不出千万维的图像。

　　为什么这是个难题呢？因为，自100年前庞加勒（Henry Poincaré）在引力的三体问题中发现混沌以来，几何就成了我们在非线性动力学中的最佳伙伴。记住，非线性方程一般不能以封闭的形式求解，所以代数公式没有用了。但庞加勒证明，我们不需要公式。画出正确的图

形，我们就能理解非线性系统的许多关键的定性特征。庞加勒的方法
为每一个状态变量赋予一个坐标轴，如果只涉及两三个变量，我们可
以很容易把动力学画出来。但是对今天千万个变量的问题，我们却手
足无措了。几何方法仍然有效，利用更抽象的推理形式也取得了一些
进步，但不把图像直接画出来，我们对动力学还是茫然的。

因为这一点，我们长久没能从理论上认识湍流。尽管控制方程已
经知道100多年了，我们却看不出它们的解在庞加勒定义的"状态空
间"里有什么表现。特别是，我们画不出吸引子 —— 长期动力学的本
质 —— 因为状态空间是无穷维的。

你可能会说，我们早就把那个难题解决了。在气体或磁体的统计
力学里，状态空间有阿伏伽德罗常数（一个23位数）个维度，我们不
也很好认识了那些系统吗？是的，不过那只是在它们处于热力学平衡
的时候。然后我们知道长期行为的统计性质，那是平衡分布告诉我们
的；这也正是我们现在困惑的原因。我们不知道复杂系统的长期统计
行为，因为它们是远离平衡的。又因为画不出系统的吸引子，我们不
知道该做什么。

正如费曼（Richard Feynman）40年前讲的，"下一个人类智慧觉
醒的伟大时代，很可能产生理解方程定性内容的方法。今天我们还做
不到。今天我们还看不出水流方程包含着我们在两个旋转的同心圆柱
之间看到的那种理发店店招式的涡旋。今天我们还看不出薛定谔方程
是否包含着青蛙、作曲家和道德。我们不知道是否需要一个高高在上
的上帝那样的角色。所以，不论是与否，我们都可以牢牢把握自己的

意见。"[1]

　　假如我们有一天走进那个伟大的觉醒时代，我们需要从多维的魔影里解脱出来。计算机可能是我们的救星。一旦它们有了惊人的智能，应该可以画出任意维的图形。在运行我们的模拟时它们就已经在做那种苦役了；也许有一天它们还能从复杂系统中抽象出自组织的规律。

　　上面的猜想引出一个更大的问题：如果哪天计算机比我们更擅长理论科学，我们还能从中得到乐趣吗？如果计算机以我们能理解的定性方式表达它们的观点，那它们就像残疾人的假肢，不过是自己躯体的延伸，在哲学上并不比电子显微镜产生更大的影响。但是，假如它们使我们茫然无知，那就像过去的大圣人，神秘莫测，还常常产生混乱。在有的数学中，那样的事情已经发生了。有些定理就是计算机证明的，但是因为证明包含了实在太多的相互交织的小问题，没人能够检验。在深蓝与卡斯帕罗夫（Garry Kasparov）的对局中，有些棋的下法就有着同样的特点。

　　我想知道，复杂系统研究的未来是否就是那样。我们也可能像旁观者那样停下来，跟不上我们制造的机器，只能为它那些惊人的结果感到目瞪口呆。

　　费米也许是第一个产生这种可怕感觉的人。他发明的计算机实验为科学研究开辟了全新的道路。那样的事情之所以可能，是因为同时

---

1. 这是费曼在他著名的《物理学讲义》第二卷的结束语。

代的冯·诺伊曼（John von Neumann，最早的高速计算机建造者）的工作，而那似乎是理所当然的 —— 正如布罗诺夫斯基讲的，冯·诺伊曼"是我认识的最聪明的人，没有例外"。

斯特罗盖茨（Steven Strogatz）

斯特罗盖茨（Steven Strogatz）是康乃尔大学应用数学中心教授。他写过一本很受欢迎的教科书《非线性动力学与混沌：在物理学、生物学、化学和工程中的应用》（*Nonlinear Dynamics and Chaos: With Applications to Physics, Biology, Chemistry, and Engineering*），即将出版的还有一本普及读物《同步》（*Sync*）。他在人类睡眠和生命节律、涡波、耦合振子、同步萤火虫[1]、约瑟夫森节以及小世界网络等方面的开创性研究发表在众多出版物和广播等媒体，包括《自然》《科学》《科学美国人》《纽约时报》《纽约人》BBC（英国广播公司）电台和美国CBS（哥伦比亚广播公司）新闻。

1.在东南亚的边远地方，生存着一类萤火虫，成千上万的它们能以相同的节律闪光，这种行为大不同于自然界的其他同步现象。在1993年12月的《科学美国人》上，作者有一篇谈生物同步现象的文章：《耦合振子与生物学同步》Coupled Oscillators and Biological Synchronization. *Scientific American*. 1993（12）：68–75）。

生命是什么

S. 考夫曼
Stuart Kauffman

在这个分子生物学凯歌高奏的时代，在第一个人类基因组草图产生的时候，人们可能认为我们应该知道怎么回答这个问题了：生命是什么？但我们不知道。我们零星地知道一些分子机器、新陈代谢循环、遗传网络路线以及膜生物合成的方法，但我们不知道一个自在活泼的细胞是怎么活起来的。问题的核心还是一个谜。

我想，我们将在未来50年回答那个问题，而答案需要物理学和化学的显著改变，更不必说生物学了。实际上，就生物学而言，对生命是什么的基本问题的认识，将开辟一个广义生物学的时期，而不仅限于我们唯一知道的关于地球生物的生物学。我们将有能力问，是否存在统治宇宙任何地方的生物圈的定律？

并不是说聪明的头脑拿不出一个答案。最有名的也许是跟本文标题相同的一本书，发表在战火纷飞的1944年，作者正是大物理学家薛定谔。[1] 不过，薛定谔的精彩著作却把另一个问题作为核心，其答案似乎并没有回答他的（和我的）题目呈现的问题。他那个核心问题是

---

1. 薛定谔的《生命是什么》新译本已经在我们的《第一推动》丛书里出版了。

关于生命系统中惊人的秩序的起源。薛定谔在回答中指出，秩序不可能来自统计平均，我们都知道那里的涨落尺度大概是粒子数的平方根。他利用新近的X射线诱导的基因突变率，正确认识到一个基因最多可以由数百到数千个原子组成。均方根尺度的涨落不能表现生命的那些可遗传特征。于是，薛定谔做了大胆的思想飞跃：他指出，生命的秩序需要稳定的化学键 —— 特别是共价键 —— 它们依赖于量子物理学，而不是经典物理学。接着他指出，简单的晶体"说"不出多少东西，因为单位晶体的结构知道了，它的全同重复也不能增添"说"得更多的力量。所以，薛定谔精明地把希望寄托在非周期的晶体，其具体结构将包含确定生命发展的微码。他做对了 —— 9年以后，沃森和克里克才发现非周期DNA固体的结构；大约再过10年，我们才认识到这种微码起着遗传密码的作用。

不过，如果说薛定谔敏锐地预见了生命秩序的起源，那么，他是否也回答了他的问题，生命是什么？我想没有。我不能立刻说我为什么那么相信这一点。这篇文章是为了解释关于这个问题的另一种尝试。

我从一个不同的图像和问题说起。想象一个逆着葡萄糖梯度游动的细菌。不必为细菌赋予什么意识，我们都会毫不犹豫地说，它在寻找食物。就是说，细菌在环境中为自己而活动。我把能在环境中为自己活动的系统叫做自治行为者。一切自由活动的细胞和有机体都是自治行为者。但是，细菌"只不过"是分子以一定方式组织起的一个物理系统。所以，我的问题变了，不是"生物学秩序的起源是什么"，而是"什么物理系统才能成为自治行为者"。

我先把我暂时的答案告诉你们：我相信一个自治行为者一定是能自我繁殖并能实现至少一个热力学功循环的物理系统。就细菌而言，它旋转的鞭毛"发动机"因为反抗它周围的液体介质而做功。细菌能自我繁殖，而且能在游动中做功。

这就立刻引出一大堆需要注意的问题。当我描述细菌在为自己活动时，其实是在用我们描写人类活动的语言。关于人类，"做""活动"、"目的"、"选择"等概念都是我们熟悉的，深深嵌在维特根斯坦（Wittgenstein）的语言游戏[1]或我们所有人的生活方式中。即使我们要怀疑是否能把"为自己活动"的概念恰当地用于细菌，同样会产生一个令人困惑的问题：活动、做和目的等用于生活在物理世界中的人的字眼是从哪里来的？我们自己也不过是物理系统。所以，我要跳过关于其他思想的哲学问题，以及我们想把语言游戏向生物世界延伸多远的问题。我个人的意见是，我们确实把我们的语言延伸到了自由活动的生命，甚至单细胞细菌，更不用说一对筑巢的小鸟和追逐你扔出的小木棍的狗。这也证明了我关于细菌的问题。如果我是对的，那么，自治行为者就是我们关于"做"和"行为"，从而也是我们"为自己活动"等语言游戏的充分而必要的条件。

在我的自治行为者的试验定义中，我也许无意间发现了生命的适当定义。行为者与生命当然有着相同的外延，尽管难免存在边缘的例子——如杂交物种等——它们显然也是生命，但不能繁衍后代。我

1.维特根斯坦一生提出过两个完全不同的哲学。以《逻辑哲学论》（1922）为代表的前期思想认为，语言与事实有着一一对应的关系，语言是"反映"。后来，在《哲学研究》（1953）中，他认为语言是"活动"（或"游戏"），词和句子在不同的环境有不同的用法。于是，哲学的任务不是分析语言的意义，而是描述语言的用法（"语言游戏"的德文原词为Sprachspiel）。

不会顽固地坚持自己的自治行为者的定义是充分的，也不认为它一定能满足生命 —— 但我想它可能是的。

现在简单说几句科学中的定义循环。想想牛顿著名的 $f = ma$，问问自己，如何独立于 m 来定义 f？力是使质量加速的东西，惯性质量是反抗力的加速的东西。庞加勒主张（我赞同这个观点，但并不是所有物理学家都同意），$f = ma$ 是一个定义循环，力和质量是彼此相互定义的。定义循环没有妨碍天体力学的巨大成功。听达尔文的宣言：自然选择选择适应性，而适应性是能使生命更容易产生后代的特征。这也是一个定义循环，它也没有阻碍进化论光大达尔文的思想。

我的自治行为者的定义也是一种定义循环，同时还跳进了新的语言游戏 —— 关于做与行为的游戏。"自我繁殖"和"功循环"都是独立于自治行为者而定义的，就这点说，我的定义并不真是定义循环。但是，进一步把自治行为者等同于为自己行为的能力，却是定义循环。当然，那并不意味着定义没有优点和科学意义。我曾力图去认识和解析包含在我那简单的自治行为者定义里的东西，结果走进了一条概念分析的小路，说明它至少包含了一些令人感兴趣的东西。别人一定会问它最终是不是有用。

我们粗略地来看一个可能的化学系统，它既能自我复制，也能实现功的循环。首先，系统处在某个能自我复制的部分。它可以是6个核苷酸的一段DNA，能激发两段3个核苷酸的序列相结合，它们一旦结合起来，就转变为跟原来一样的6个核苷酸的DNA；它也可以是31个氨基酸的序列，能激发两个片段的结合 —— 15个氨基酸的一段与

17个氨基酸的一段 —— 形成跟原来的一样的31个氨基酸的序列。顺便说一句，斯克里普斯的加德里（Ghadiri）小组成功实现了蛋白质的自我复制，决定性地证明了分子的复制不必建立在DNA和RNA类分子的模板复制的基础上。

至于自治行为者定义中的功循环，可以通过某些假想的化学过程来实现。在那些反应中，焦磷酸盐PP分解为两个一磷酸盐P+P，同时损失一定的自由能。那个自由能耦合在额外复制的6个核苷酸的DNA或31个氨基酸的序列中。这里，"额外"的意思是，假如复制反应没有结合焦磷酸盐产生的自由能源，就不会复制出那么多的分子。一旦焦磷酸盐分解了，我想象可能还有一个自由能的来源 —— 那些吸收光子并受光子激发的电子。当电子回到它原来的未激发状态，这个自由能被用来驱动焦磷酸盐的再合成，超过没有电子能量激发时所能达到的平衡浓度水平。功循环的存在基于这样一个事实：在从PP到P+P然后又回到PP的反应循环中，磷酸盐使反应循环"转了一圈"，而不是达到平衡。这是实现热力学功循环的一个分子发动机。

我那个试验性的定义有许多显著的特点。首先，系统只有在远离化学平衡时才成立；行为者的活动是非平衡概念。其次，系统是一类新的完全实在的非平衡化学反应网络，结合自我复制与功循环的网络。只是我们过去从来没有把二者结合起来。不过我们现在可以用实验来考察它们了。第三，物理学家安德森（Philip Anderson）曾向我指出，总系统通过额外合成6个核苷酸的DNA或31个氨基酸的序列，储存了供后来修正错误的能量，我们细胞里的DNA修复酶就做着这样的事情。

写到这点为止，本文还算是正统的科学。下面的事情会越来越奇怪，也可能有更多的问题。

第一个问题是更仔细来分析"功"的概念。对物理学家来说，功不过是力作用一段距离。用球棍击球加速的时候要做功，构成加速运动的正是这些小小的 ma 项的总和。

但是功真就那么简单吗？在任何具体的功的情形，力是"有组织"地作用在物体上做功的。物理学家在他们的初始和边界条件中隐藏了过程的组织思想。可是初始和边界条件又从何而来呢？这是物理学家通常没有回答的问题。就分析炮弹射出大炮的运动说，完全可以忽略以前的事情，只考虑炮、高程、火药、炮弹的重量、气流等初始条件，然后进行下一步计算。但是，造炮、装火药、发射等都需要做功。这样一路追溯下去，完成一颗炮弹的发送大概要回到宇宙大爆炸。生物圈讲的是过去35亿年来不断出新的初始和边界条件的产生，物理学把"现在"这个系统孤立出来，不足以回答为什么会进化地涌现那样常新的初始和边界条件。

为了认识功的概念有不完备的地方，第二个办法是要认识到一个孤立的热力学系统 —— 例如在热力学上孤立的一个盒子里的气体 —— 是不能做功的。但是，假如用薄膜将盒子分为两部分，则一个部分可以对另一个部分做功。例如，第一部分的压力较高，薄膜就会向第二个部分移动，从而对它做力学的功。这样的功不可能在宇宙实现，除非宇宙也至少分为两个区域。另外，宇宙的薄膜又从哪儿来呢？

我感觉最合我意的"功"的定义出自阿特金（Peter Atkin）关于热力学第二定律的一本书。他在书中指出，功是一样"东西"——即能量在约束条件下的释放。考虑一个内有活塞的圆柱，活塞与圆柱顶之间充满压缩的工作气体。气体可以膨胀，对活塞做功，将它压下。约束是什么呢？显然，是圆柱、活塞和活塞在圆柱中的位置，以及约束在其中的气体。那些约束从哪儿来呢？我们来看，做圆柱要做功，做活塞要做功，然后，把气体和活塞放进圆柱也要做功，于是，我们遇到一个以前没有留意过的有趣的新循环。看来，为了产生约束我们需要做功，而为了做功我们需要约束！

实际上，当我们试图解开薛定谔包裹在他那非周期性晶体微码中的信息概念时，为了"说"出有物理意义的东西，只有通过对能量释放——能量在释放时形成功——的约束进行重新组合。更重要的是，释放出来做功的能量，可以对能量的释放构成更多的约束，那些约束又做更多的功，功又形成更多的约束。注意，这些都不是我们过去在物理学和化学中学过的概念。人们现在才开始逐渐感到所有这些加在能量释放的约束——作为功，它们能对能量释放构成更多的约束——密切联系着某个充分的关于过程组织的理论。那样一个理论，我们目前甚至连轮廓也没看见，当然，那轮廓也不会包含在信息论里。

我说这一点也不仅是文章写作的需要。分裂的细胞就做着我上面说的那些事情。例如，细胞做热力学功，从脂肪酸和其他组成要素形成脂类分子。然后这些脂类分子可以回落到低能量的结构——一个双脂层，能形成被称作脂质体的空腔"气泡"。实际上，细胞膜就是这样一个形成空心球的双脂层。这时候，膜本身被细胞拿来改变约束。

考虑一对假想的有机小分子 A 和 B，它们可以经历三种完全不同的化学反应：

　　1）A 和 B 能反应产生 C 和 D；

　　2）A 和 B 能反应产生 E；

　　3）A 和 B 能反应产生 F 和 G。

　　每个反应都有反应坐标[1]。这样，当 A 和 B 反应产生 C 和 D 时，化学势阱和势垒将引导着分解的分子 A 和 B 形成产物分子 C 和 D。同样，势阱和势垒引导着反应形成 E、F 和 G 分子。这样，化学势阱和势垒就构成 A 和 B 反应的约束。进一步，假定 A 和 B 从细胞内部的水溶液分离出来转化为细胞膜。一旦进入细胞膜，A 和 B 分子的运动模式，如平动、转动和振动，都将发生改变。这反过来又会改变将 A 和 B 与 C 和 D（或 E、或 F 和 G）分隔的化学势阱或势垒的深度。这样，细胞膜的形成（做了热力学功的）改变了 A 和 B 所能产生的化学反应的约束。而且，细胞也做热力学功，将氨基酸结合成为蛋白酶，那正是约束 A 和 B 并将其转化为 C 和 D（而不是 E、或 F 和 G）的物质。这样，细胞做的热力学功形成了特殊路径的能量（这里是化学能）释放的约束。能量一旦释放出来，又做功形成新的约束。

　　我说的是正确的，但没有以通常的方式来谈。实际上，细胞所做的是我后来所谓的"繁衍功"——它将一个地方的有组织的能量释放，与其他地方的约束的形成和有组织的能量释放联结起来，形成一个闭

1.简单说来，反应坐标就是势能曲面所决定的能量最低的反应路径。

合的过程，细胞就通过这样的过程完成大概的自我复制。任何正在分解的细胞都在实现过程的这种组织，一个细胞分裂为两个、四个、以至千千万万，最后形成一个生物圈。不过令人惊奇的是，我们还没有什么语言——至少，据我所知还没有那样的数学语言——能描述这个闭合的过程。过程的这种自我繁衍的组织包含在自治行为者的定义中。注意，尽管我讲的这些没有违背物理学定律，但物理学和化学似乎也不存在讨论它们的语言。我们还应该看到，"自治行为者"的试验性定义开始显现出多么丰富的内容。不过，我还是凭直觉感到，细胞似乎多少表现出一种不为我们的信息概念所把握的组织形式——那个概念从来没有考虑过在现实的物理世界真实发生的任何事情上构造什么约束。实际上，生物圈的细胞增生繁殖的协同演化过程，也是更加微妙和精致的演化路径不断出现的过程——在约束下通过那些路径获取和释放自由能；而约束的路径又产生新的约束和结构，繁衍的功从约束中汲取新的功，形成更加微妙的结构。我们只需要想想热带雨林。雨林的繁茂没有任何中心力量的作用，而它却产生了蓬勃的相互交错的多样的连环过程。是的，生物圈产生了有组织的功的繁衍的连环模式。但是，如何把这个概念数学化，我连怎么起步都不知道。

我不知道如何把这个概念数学化的原因，也许说明了本研究最奇异、最令人沮丧、也可能最深刻的一面：生物圈可能实际正做着谁也不可能预见的什么事情。如果真是那样，牛顿、爱因斯坦、玻尔和玻尔兹曼为我们指引的科学道路就有局限。生物圈可以持续改变它的"相空间"。我不知道有没有能描写这种过程的数学框架。我还想指出，如果我说的是正确的，它将给概率的频率解释带来巨大的灾难——在概率论中，我们实际上可以事先谈论所有的可能性。

　　这个问题联系着达尔文所说的预适应性。不过我们先说说一般的适应性。我们心脏的功能是什么？当然，我们心脏的功能是输运血液。它也产生心跳，但那不是它的功能。所以，心脏的功能只是它所产生的结果的一部分。达尔文会说，自然为我们心脏选择的功能是输运血液，不是产生心跳。就是说，为了了解上面讲的*A*和*B*或生命的任何部分的功能，我们必须在整个环境中去认识整个生命。自治行为者是从绝对的整体论来认识它们的。

　　现在谈预适应性。达尔文的观点是，生命的某个部分产生的结果，在正常环境下可能没有选择意义，但在特殊环境下也许有意义从而被选择。注意，几乎所有的主要适应性和所有（或多数）一般适应性都是这样产生的。于是才出现了飞行、视力、听力、肺、咽喉，等等你能想到的一切。

　　我的困惑是这样的。你认为你能预先罗列所有可能的（例如，针对现存的生命形式）达尔文的预适应性吗？更正式地说，你能事先限定所有可能的预适应性吗？我还没有遇到谁认为那答案是肯定的。我们甚至连这个预适应性的清单如何开头也不清楚。现在，我深信这种说法是对的，但不知道它是经验总结还是数学推论，也不知道现在如何去证明。

　　现在我们来听听小松鼠格特鲁德的故事。她生长在 2350 万年前，经历过一个孟德尔的优势基因突变，于是留下两层皮肤，每层都从腕延展到踝。格特鲁德那么丑，没有同族的伙伴同她一起说话，一起吃东西，一起玩儿。一天，格特鲁德正在一棵玉兰树上沉思，被邻近松树上的大枭贝莎看见了。呀，多美的午餐！贝莎想着，张着利爪闪电般俯冲下去。格特鲁德吓坏了，"嘎嘎"呼叫着张开双臂跳下树去，格特鲁德飞起来了！贝莎疑惑地眼睁睁望着她逃走了。于是，格特鲁德成了她的种族的英雄，1个月后跟一个漂亮的小伙儿在举族同欢的盛大典礼上结婚了。因为那个起主导作用的基因突变，不久诞生了许许多多的长着两层皮肤的松鼠宝宝，我们今天看到的会飞的松鼠，或多或少是这样来的。

那么，你能事先告诉我们那褶皱的皮肤能在那天成为翅膀吗？也许。你能说细菌中某个模糊的分子突变能让细菌探出纤毛虫的钙质流体然后向它发起进攻吗？我想不能。更一般地说，我们正好没有先验的概念能说所有可能的达尔文的预适应性是什么，也不能说所有可能的环境是什么。

现在请注意，这些不可预言的事情一刻也没有减缓进化的脚步。达尔文的预适应性时刻在产生。于是，生物圈似乎在做着我们不能预先说明的事情 —— 不是因为量子不确定性或混沌动力学行为，而是因为我们事先一点儿概念也没有。

这反过来又意味着生物圈的相关可能性的空间 —— 它的相空间 —— 也是不可能预言的。于是，生物圈具有我们不可预言的创造力。这就跟牛顿给我们的谆谆教诲形成了尖锐的矛盾：在物理学中，一般可以预言所有可能性的集合 —— 也就是相空间 —— 然后借助定律与初始和边界条件来计算粒子在相空间里的前进轨道。

我想我们不可能在生物圈里事先描述这种相空间（所有可能性的空间）。物理学家可能会说，"不过，假如你以经典的方式来处理这个系统，总会存在关于系统（以某种方式孤立的）粒子的所有位置和速度的经典的n维相空间。"也许是那样的，可是，我们还不知道哪些相关的集合变量（如格特鲁德的翅膀）才是揭开生物圈秘密的决定性变量。于是，我们似乎面临着以前从未认识到的知识的极限。进化的生物圈做着不可预言的事情，我们还没有起码的概念。我想，技术的进步也是这样的：100年前没人能预见互联网。

有趣的是，我们不能预言未来技术的事实，假如正确的话，粉碎了统治着当代经济学理论的核心："竞争性一般均衡"——它一开始就假定我们能预言所有可能的货物和服务，然后证明市场干净了——即所有货物都按合同价卖给买家了。但是我们不能事先知道所有可能的货物和服务，所以那个统治的经济理论一开始就错了。它把焦点放在清理市场，忽略了一个在全球经济中起着决定作用的事实：货物和服务的多样性已经跟物种的多样性一样暴涨了。为什么？

物理学的基本定律是时间可逆的。我们已经相信，时间的出现是因为热力学第二定律的不可逆性。我不反对这一点，不过我好奇的是生物圈中源于达尔文预适应性的隐藏在过去与未来的区别中的时间箭头。那似乎不是第二定律在起作用，而是达尔文的变异与选择。

还有最后一点。宇宙是不会重复的，也不是各态历经的。考虑200个氨基酸的蛋白质数目。因为有20种氨基酸，那种蛋白质的所有可能的数目就是20的200次方，即大约10的260次方。现在，已知宇宙间的粒子数大概是10^{80}，我们可以问问自己，从宇宙130亿年前大爆炸以来是否造出了所有可能的蛋白质。快速的化学反应需要1飞秒（10^{-15}秒），于是，自大爆炸以来在1飞秒的时间尺度上可能发生碰撞的粒子对的数目为$10^{80} \times 10^{80} \times 10^{33}$，等于$10^{193}$。这是一个大数，但同200个氨基酸的蛋白质的数量$10^{260}$相比，却是微不足道的。于是，即使宇宙的一生除了造蛋白质外什么都不做，也需要重复10^{67}次才可能造出所有可能的200个氨基酸的蛋白质。因此，一旦超越原子核的水平，在有机分子的复杂性水平上（更不必说生命、法律系统或雪弗莱汽车），宇宙在很大程度上是不重复的。这意味着当格特鲁德实现她的第一次飞行时，她改变了宇宙的物理和分子的演化。许多或大多数自治行为者的行为也是如此。我们是走在独特轨道上的过客，我们能产生实在的影响，不是吗？美国人赶在苏联的前面登上月球，在上面留下了一点儿东西，从而改变了太阳系的轨道动力学。

　　我们从起点出发已经走了很远——开始的时候，我们想知道什么样的系统能为自己活动。我不能确信自己是否在无意间发现了充分的生命的定义，不过我还是倾向于认为我可能发现了。而且，我相信未来50年能在实验中看到产生更多这样的系统。当它们彼此协同演化时，我们将惊奇地看着眼前发生的事情却不能预言将要发生什么。正如《侏罗纪公园》里的"混沌家"的著名台词说的，"生命发现了一条路。"他没有补充一句，我们一般不可能预先有任何线索说明那条路将是什么。生命天生是开放的，它的认识需要将物理学和化学提高到一个新的水平，在那里，从预言的范畴说，未来是开放的，而不是可以预料的。

考夫曼（Stuart Kauffman）

考夫曼（Stuart Kauffman）是宾夕法尼亚大学生物化学荣誉
退休教授，理论生物学家，研究生命起源和分子组织的起源。他是
麦克阿瑟荣誉学者和圣塔菲研究所终身教授。25年前，他创立了
表现出一类自组织（他称为"免费的秩序"）的随机网络的考夫曼
模型。考夫曼博士是Bios集团公司的主要创建伙伴和科学总负责
人 —— 公司将复杂性科学应用于商务管理问题。他是《秩序的起
源》（Origins of Order）和《探索》（Investigations）的作者，还写了
《宇宙为家》（At Home in the Universe: The Search for the Laws of Self-
Organization）[1]。

1.此书中译本在我们的《第一推动丛书》中已经出版过（李绍明、徐彬译）。

2

未来的实践

小摩尔定律

R. 道金斯
Richard Dawkins

　　有过伟大贡献的人已经走得很远了，但有时为了自己高兴他们会走过了头。在评论《双螺旋》时，梅达瓦（Peter Medawar）[1] 写道，"假如谁愚钝到不能认识'分子遗传学'的系列发现是 20 世纪最伟大的科学贡献，就根本不值得跟他来讨论。"他当然明白自己在做什么；他和他所评论的那本书的作者一样，在很大程度上是有资格高傲一点的。不过你也不必那么"愚钝"地去反驳他的意见。那么，英美人的那个以"新达尔文现代综合"出名的系列发现呢？物理学家为相对论或量子力学、宇宙学家为膨胀的宇宙，都能找到很好的骄傲的理由。"最伟大的"东西到头来是谁也说不准的，但分子遗传学革命无疑是 20 世纪——也是人类有史以来——最伟大的科学贡献之一。在未来 50 年里，我们能把它引向何方？或者，它将把我们带向哪里？到了那时，历史也许会证明，梅达瓦比他的同辈甚至他自己所想象的，离真理更近。

　　如果要我用一个词来总结分子遗传学，我会选择"数字的"

---

1. 梅达瓦（Peter B.Medawar, 1915 — 1987）是英国动物学家，因为发现胚胎期的获得性免疫和免疫耐受性，"为实验生物学开辟了一条新路"，与 Sir Frank Macfarlane Burnet 分享了 1960 年诺贝尔生理学或医学奖。他的《溶解术》（The Art of the Soluble）同沃森的《双螺旋》一起，被蓝登书屋选为 20 世纪百部最佳非小说类图书。

（digital）。当然，孟德尔的遗传学，对基因在族谱中独立分配来说，是颗粒的，也是数字的。但基因的本性还是未知的，它们仍然是物质的东西，不断改变着数量、力量和品性，不可分割地跟它们外在表现卷在一起。沃森和克里克的遗传学是地道的数字的，连它的骨干即双螺旋本身也是数字的。一个基因组的大小可以用几十亿个基来度量，就像拿几十亿个字节来度量硬盘的大小一样精确。实际上，基与字节这两个单位可以通过一个常数因子相互转换。今天的遗传学纯乎是一门信息技术。正因为这一点，北极鱼的抗冻基因能复制到西红柿的身上。

在沃森和克里克联合发表他们著名的论文以来的50年里[1]，引发的知识爆炸跟任何一个受欢迎的爆炸一样，在以指数形式增长着。我想我说的就是爆炸。还有一个类似的更有名的爆炸的例子可以支持我的说法——例子来自传统意义的信息技术。摩尔定律指出，计算机的能力每18个月增强1倍。这是一个经验定律，没有公认的理论基础，尽管纳森·迈尔沃德（Nathan Myhrvold）提出了一个能巧妙地"自我证明"的候选者："纳森定律"说，软件增长比摩尔定律还快，所以我们才有摩尔定律。不管基本的理由是什么，也不管它是多少理由的复合，摩尔定律在近50年的时间里都是成立的。许多分析家预计它还能继续成立50年，在人类事物中产生令人惊奇的影响——但那不是本文关心的事情。

我关心的是，在DNA信息技术里有跟摩尔定律相当的东西吗？最好的度量当然是经济的，因为钱是工时和机器消耗的最佳复合指

---

1. Watson J.and Crick F., A Structure for Deoxyribose Nucleic Acid. *Nature* 171, 737 (1953). 最近，《自然》杂志专门纪念了这篇文章发表50周年。

标。几十年过去后，一定基本数量的钱能排序多少个基本单位的DNA呢？它以指数方式增长吗？如果那样，它多长时间增加1倍呢？注意，在这样的方式（这是DNA作为信息技术分支的另一个方面），DNA来自哪种动物和植物是没有区别的。在任何一个10年，排序技术和花费完全是一回事情。实际上，除非读了信息本身的内容，否则不可能知道那个DNA来自人，来自蘑菇还是来自细菌。

虽然选择了经济指标作基准，我还是不知道如何度量实际的花费。幸运的是我想到了问我的同事，牛津大学遗传学教授霍吉金（Jonathan Hodgkin）。我高兴地发现，他最近在为母校准备一个演讲时也做过同样的事情，他慷慨地把他对花费的估计寄给了我。他计算的是排列每一个碱基对（也就是每个DNA码的"字母"）所需要的英镑数。1965年，为细菌的5S核糖体的RNA排序时（不是DNA，不过RNA的花费是一样的），每个字母大约需要1000英镑。1975年，为病毒X174的DNA排序时，每个字母大约需要10英镑。霍吉金没能找到1985年的好例子。不过，在1995年，每个字母只需要1英镑就能排序 *Caenorhabditis elegans* 的DNA。那是分子生物学家非常钟爱的一种小线虫，不说名字也都知道是"它"。[1] 2000年人类基因组计划达到顶峰时，每个字母的排序花费大约是0.1英镑。为了说明真实的增长趋势，我把那些数字转换成"钱换来的东西"——就是说，一定数量的钱可以排序的DNA的数量。扣除通货膨胀的因素，我选择1000英镑为基数。我把每1000英镑排序的DNA碱基数（以千为单位）画在对数坐标上，这样做很方便，因为指数形式的增长将表现为一条直线（见后

1.那小虫叫秀丽隐杆线虫，非常适合真核生物进化的遗传学、分子学和细胞学的研究。

面的图）。

我必须强调，正如霍吉金教授做的那样，这4个数据点是在信封的背面计算的。不过它们确实令人信服地接近一条直线，说明我们DNA排序能力的增长是指数形式的。加倍的时间（或花费减半的时间）是27个月，大概可以跟摩尔定律的18个月相当。DNA的排序依赖于计算机的能力，在这个意义上（很大程度上），我们发现的这个定律也许应该归功于摩尔定律本身，这也为我那个玩笑的题目"小摩尔定律"找到了根据。[1]

我们永远也不能指望技术以如此的指数方式进步。我没有把图画出来，但是，假如看到飞船的速度、汽车的燃料价格或者摩天大楼的高度像指数那样增长，我一定会感觉惊讶。我猜它们以某种接近算术加法的方式增加，而不会在一定的时间内加倍再加倍。实际上，已故的伊万斯（Christopher Evans）早在1979年摩尔定律几乎刚开始的时候，就写道：

> 今天的汽车在许多方面都跟战后那些年的汽车不一样……不过我们可以设想一下，假如汽车工业在这些年里也像计算机那样发展，那么最新款式汽车的价格会便宜多少，效率会提高多少呢？……今天你大概可以用1.35英

---

1. 作者原来说的是"摩尔定律的儿子"（Son of Moore's Law）。1965年，Intel公司创始人之一的Gordon Moore讨论集成电路的未来时，预言在未来10年里，集成电路的组成每年将增加1倍。后来，预言成为计算机科学中有名的Moore定律。在过去的30多年里，这个经验法则惊人地准确，不过翻倍时间逐渐延长到18—24个月。现在我们还有一个关于互联网的Metcalfe定律：网的价值与上网人数的平方成正比。

　　铱买一辆劳斯莱斯，它1加仑汽油能跑300万英里，它产生的马力还能驱动伊丽莎白女王二世号[1]。如果你对小型号感兴趣，还可以拿七八辆来放在针尖上。[2]

　　在我看来，空间探测很可能也像汽车那样不紧不慢地以加法的方式发展。我想起克拉克（Arthur C. Clarke）讲过的一个迷人的猜想，他的预言本领是令人难忘的。想象未来的一只飞船向着遥远的恒星飞去，即使以当时技术所能允许的最高速度飞行，它也需要好多个世纪才能到达那遥远的终点。在它还没走完一半的时候，一艘更快的飞船追了上来，那是100年后的技术产儿。于是，我们大概可以说，原来那个飞船本就不该忙着发出去。同样的道理，第二艘飞船也不应该发射，因为船上的人们注定会看着他们的重重孙子们坐着第三艘飞船从身旁飞快地掠过 …… 其实，只要我们指出，没有前辈的慢的技术的研发，就不会有后来的快的飞船，悖论就解决了。有人认为，完整的人类基因组计划可以现在从头开始，而且只需要实际计划的部分时间就能完成，这样，原先的计划本该适当推迟一些时候。谁提出这样的建议，我也拿上面的话来回答他。

　　如果说我们的4个数据点勉强可以作为一个大概的估计，那么把直线外推到2050年就更不可靠了。不过跟摩尔定律类比，特别是，如果"儿子定律"确实与它的"父亲"有点儿关系，那么直线可能代表着某个合理的预言。至少，我们可以看看它能把我们引向何方。它

---

1. Queen Elizabeth II是美国卡那海运（Cunard Line）拥有的世界唯一一艘横渡大西洋的豪华游轮，也是"全世界最有名的游轮"。
2. Evans（1931—1979），《微电脑世纪》(The Micro Millennium)。

告诉我们，在2050年的时候，我们可以用今天的100英镑（大约160美元）完成一个人的基因组排序。除了"那个"人类基因组计划，每个人都能负担他个人的基因组计划。种群遗传学家们将获得人类多样性的最终数据。我们有可能画出一个把世界上的任何一个人跟任何其他人联系起来的谱系图。这是历史学家苦苦追寻的一个梦。他们将利用基因的地理分布来重现几百年来的大移民和大入侵，追溯海盗的长船航行；他们根据基因去跟踪从阿拉斯加到火地岛的美洲部落，跟踪撒克逊人穿过不列颠，寻找犹太人散居的证据，甚至发现尚武好斗的成吉思汗们的现代子孙。

今天，胸腔X射线可以告诉你是否有肺癌或者肺结核。到2050年，用胸腔X光的钱，你可以知道每个基因的全部信息。医生给你的，不是大家一样的病历本，而是针对你个人的基因组的处方。那当然是好事情，但你个人的清单也惊人准确地预言了你的自然终点。我们需要知道那样的东西吗？即使自己想知道，我们会把个人的DNA图交给保险计算员、血缘律师或者政府吗？即使在仁慈的民主社会，谁也不会为那种前景感觉幸福。我们还担心，会不会有某个未来的希特勒来滥用这些知识。

这些担心尽管很重要，但也不是我这篇文章要说的。我要退回自己的象牙塔，关心更专业的东西。假如100英镑能排序一个人的基因组，那么它也能用来买其他任何动物的基因组。大小都差不多为几十亿个基的数量级，所有脊椎动物都一样。即使假定"小摩尔定律"在2050年之前就失效了（很多人都是那么想的），我们仍然可以放心地预言，我们每年在经济上能够排序的基因组，可以来自几百种典型的脊椎动物、几千种昆虫或其他非脊椎动物、几十万种细菌、几百万种病毒，或者数量令人不安地变化着的爬行动物或者开花植物。获得那么一堆杂乱的信息是一回事，用它们来做什么则是另一回事。我们应该如何消化它们？筛选它们？比较它们？使用它们？

一个不那么野心的目标是通过那些信息来最终把握系统发育的谱系。毕竟我们已经有了一个真正的生命谱系——实际发生的那个独一无二的生物进化分支模式。它确实存在着，也可以从理论去认识。我们现在还知道得不完全。到2050年的时候，我们应该知道了——假如还不能知道，也只是数不清谱系大树上的细枝嫩丫，因为我们不知道物种到底有多少 [正如我的同事迈（Robert May）说的，关于物种的数量，我们知道的至少也要差一到二个数量级]。

我的研究助理提出，2050年的博物学家和生态学家将随身携带一个小小的野外分类工具包，这样就不需要把标本寄给博物馆的专

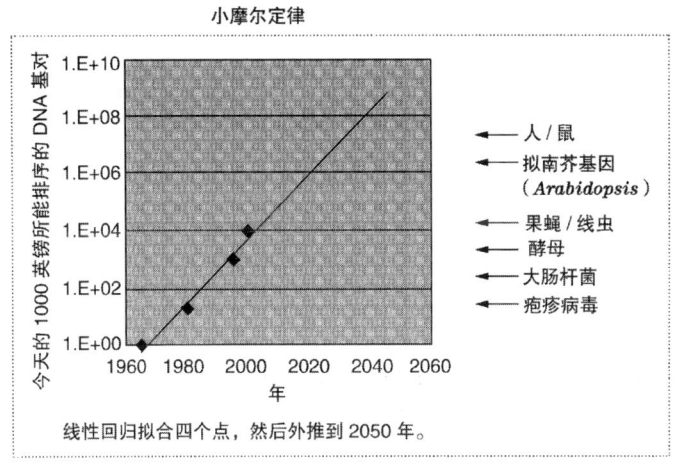

线性回归拟合四个点，然后外推到 2050 年。

家去鉴别了。在便携式电脑上接一个精细的探头，把探头插入一棵树、一只新捕获的田鼠或者蝗虫，电脑会在几分钟的时间内检查几个关键的DNA片段，然后确定种属的名称和其他可能储存在数据库里的细节。

DNA分类已经发现了一些令人惊奇的东西。根据我过去做动物学家的经历，要我相信河马与鲸鱼的关系比与猪的关系更近，几乎是难以忍受的。这一点还有争议。到2050年，这个问题跟其他无数争论一样，总会有办法解决的。说它能解决，是因为那时候河马基因组计划、猪基因组计划和鲸鱼（假如到那时它们还没有被我们的日本朋友吃干净的话）基因组计划都要完成了。实际上，为了最后清除分类的不确定性，并不需要把所有基因组都全部排列出来。

一个附带的好处，可能在美国产生巨大的影响：如果彻底弄清了生命的谱系，要怀疑进化的事实就更加艰难了。在这个问题上，化石相对说来没有多少意义。因为在现存的那么多我们能排序的物种里，几百种独立的基因相互证明，确立了那个真实的生命谱系。

有句话老被人提起，几乎说滥了，不过我还是要再说一次：认识一个动物的基因组并不等于认识了那个动物。根据布雷纳（Sydney Brenner，唯独这个人，我听说人们一直很奇怪为什么诺贝尔奖到现在还没给他[1]）的观点，从基因组"计算"动物，我想应该分三步走，一步比一步难。第一步根据基因的核苷酸序列计算蛋白质的氨基酸序

---

1. Sydney Brenner 1927年出生在南非，1954年在牛津获博士学位。1996年他建立了加州伯克利分子科学研究所。2002年10月7日，他终于和另外两个同样以研究线虫出名的科学家（H.Robert Horvit和John E.Solstun），"因为在器官发育及程序性细胞死亡的基因调控方面的贡献"获得了诺贝尔生理学或医学奖。

列，这很难，不过现在已经完全解决了。第二步根据氨基酸的一维序列计算蛋白质的三维卷曲模式。物理学家相信这在原则上是可以做到的，但做起来很困难，而且更灵活的办法通常是制造蛋白质，然后看它会发生什么事情。第三步根据基因和它们与环境（多数由其他基因组成）的相互作用计算发育的胚胎。这是目前为止最困难的一步，但是胚胎学（特别是关于同源和相似基因的）进步很快，到2050年时有可能解决它。换句话说，我猜想2050年的胚胎学家可以把未知动物的基因组输入计算机，然后计算机模拟胚胎的发育，最后生出一个完整的动物。这本身算不得特别有用的成果，因为子宫或卵总是比电子计算机更廉价的计算机。不过它从一个方面标志着我们的认识已经完整了。而具体实现那样的技术也是有用的。例如，侦探可以根据他发现的一丝血迹用计算机生成一张嫌疑犯的脸 —— 甚至从婴儿到暮年的一系列脸，因为基因是不会老的！

我还想，到2050年的时候，我梦想的那本"死者基因大全"将成为现实。达尔文的理论表明，物种的基因一定能描绘一幅祖先的环境的图像，因为它们就是从那样的环境幸存下来的。物种的基因库是自然选择塑造的泥胚。我在《解开彩虹》里说过：[1]

> 沙漠的风塑造出形态迷人的断崖，海浪拍打出奇异的岸礁，骆驼的DNA从古老的沙漠甚至更古老的海洋里雕琢出来，然后成为现代的骆驼。假如我们能听懂骆驼DNA的语言，它会向我们诉说它祖先变化的世界；假如我们懂得

---

1. 本书的副标题说明了它的内容："科学、错觉和好奇心"（*Science, Delusion, and the Appetite of Wonder*）。有人评论这可以当作萨根《魔鬼出没的世界》（*The Demon-Hunted World*）的续篇。

那些语言，金枪鱼和海星的DNA会把"海洋"写进课本，而
鼹鼠和蚯蚓的DNA会吐露"地下"的秘密。

我相信，到2050年的时候，我们能读懂那些语言。我们把未知
动物的基因组输入计算机，计算机不仅能重塑动物的形态，还能再
现它们祖先（当然是自然选择出来产生那个动物的祖先）生活的世界，
包括掠食者和牺牲者、寄生者和宿主；包括它们的巢穴，甚至还有它
们的希望和恐惧。

如何更直接地重现我们的祖先呢？像侏罗纪公园那样吗？不幸
的是，琥珀突变[1]的DNA不太可能完好地保存下来，没有哪个摩尔定律，
不论儿子的还是孙子的，能把它带回来。不过也许还是有一些办法
（其中许多是做梦也没想过的），我们可以通过它们来利用现代DNA
数据库里的大量数据 —— 也许我们在2050年之前就已经有那样的
数据库了。黑猩猩基因组计划已经起步了，托小摩尔定律的福，它只
需要人类基因组计划的部分时间就能完成。

布雷纳在他那篇千年展望的文章（"新世纪的理论生物学"）的
最后，[2]漫不经心地提出了下面的惊人建议：如果完全了解了黑猩猩的
基因组，通过拿它跟人类基因做精细的生物智能对比（两者的DNA
密码只有1%的差异），就有可能重构我们共同祖先的基因组。这种

1. DNA是一连串核苷酸按顺序连接起来的有限长度的分子链，因此有开始，也有终止。在64个密
码子中，有3个没有对应的氨基酸，最初被认为是"无意义密码子"。后来发现它们代表链的终止
（蛋白质的合成到此告一段落）。在基因突变中，如果决定某一氨基酸的密码子变成一个终止密码
子，我们就说那是"无义突变"；密码子变为UAG的无义突变就是琥珀突变。
2. Sydney Brenner,"Theoretical Biology in the Third Millennium", *Philosophical Transactions of
Royal Society*, B, 1999.

所谓"丢失的环节"的动物，生活在500万到800万年前的非洲。如果大家接受了布雷纳的幻想，可能不禁想把这种逻辑推广到所有地方，而我并不看好那种诱惑。丢失的环节的基因组计划（MLGP）完成以后，接下来的一步可能是将那些基因组跟人类的基因组并排起来，一一对比它们的基。如果能发现两者的区别（通过类似于前面胚胎学告诉我们的途径），我们将得到一般意义上的近似的南方古猿（*Australopithecus*）——"露茜"已经成为它的一个种的形象代表。[1]到露茜基因组计划完成的时候，胚胎学也该取得进步 —— 只要把重构的基因组注入人的卵细胞，然后植入女性体内，一个新的露茜就将出现在我们面前。这无疑会引发伦理学的忧虑。

尽管我们担心一个重现的南方古猿是否幸福（这至少是一个天生的伦理学问题，而不是杞人忧天地对什么"玩弄上帝"的担心），但是我可以看到，实验不仅会带来科学的好处，也会产生积极的伦理学影响。今天，我们公然的物种歧视侥幸逃脱了可能的惩罚，因为在我们与黑猩猩之间的进化环节的物种全都灭绝了。在澳大利亚著名道德哲学家辛格（Peter Singer）发起的"猿人计划"中，我在自己的文章里指出，那种偶然的灭绝事件应该足以打破人类生命优于一切其他生命的绝对主义估价。例如，在关于堕胎或干细胞研究的争论中，人们所谓的"为了生命"，总是在为人的生命，而没有什么明确合理的理由。如果一个活生生的露茜出现在我们中间，我们自我陶醉的道德和政

---

1. 属于人科动物的南方古猿生活在上新世到更新世，化石几乎都是在非洲发现的，距今约50万 — 370万年。1974年，美国D.C.Johnson在埃塞俄比亚阿法地区发现了一具成年女性南方古猿的化石骨架，发现的那天晚上，队员们高兴地播放着甲壳虫乐队的流行歌曲"天上带着宝石的露茜"，于是有了那骨架的绰号。露茜骨架完整，年代久远（距今约350万年），可以肯定是最早的人类祖先。遗憾的是，露茜的头骨前部完全缺失了，复原的头跟垒球大小差不多，很难测定脑量。

治的人类中心论将发生永远的改变。露茜应该"被当作人"吗？这个问题显然很荒谬，就像在南非的法庭上判决一个人是否该"被当作白人"一样。认清那样的荒谬，露茜的再生就没有伦理问题了。

正当伦理学家、道德家和神学家（我想到2050年恐怕还会有神学家）为露茜计划痛苦不堪的时候，相对轻松的生物学家可能已经在忙着一个野心更大的计划：恐龙计划。这个计划，也许可以从帮助鸟长牙开始做起，6000万年了，它们的牙还没长出来。

现代的鸟是从恐龙（至少我们现在喜欢把那些祖先叫恐龙，只要它们像恐龙那样灭绝）演化来的。如果从进化–发育的观点来看现代鸟类和其他幸存的原龙类爬行动物（如鳄鱼）的基因组，到2050年的时候我们也许能重构一般恐龙的基因组。现在，实验室能诱发从小鸡的嘴里生出嫩牙（还能诱发蛇长出腿），这令人鼓舞，说明古老的遗传技术还在发生作用。假如恐龙基因组计划成功了，我们大概可以把基因组植入鸵鸟蛋，让它孵出一只可怕的活蹦乱跳的蜥蜴。尽管有侏罗纪公园，我担心的是自己可能活不到那一天，看不到蜥蜴出来，也不可能把我短小的手臂伸向新生的露茜，满眼泪花地紧握她的大手。

道金斯（Richard Dawkins）

　　道金斯（Richard Dawkins）进化论生物学家，牛津大学"公众理解科学"查尔斯·西蒙尼（Charles Simonyi）讲座教授。他是《自私的基因》（*The Selfish Gene*）、《延伸的表现型》（*The Extended Phenotype*）、《失明的钟表匠》（*The Blind Watchmaker*）、《流出伊甸园的河》（*River out of Eden*）、《攀登绝顶》（*Climbing Mount Improbable*）、《解开彩虹》（*Unweaving the Rainbow*）等书的作者。他是皇家学会和皇家文学学会的会员，是科学博士，也是荣誉文学博士；他曾入选《牛津引语词典》（*Oxford Dictionary of Quotations*），在活着的科学家中这是罕见的。他荣获了1997年国际宇宙奖和2001年Kistler奖。

第二个创生

P. 戴维斯

Paul Davies

"火星居住着这样那样的生命，这一点是肯定的，正如不能肯定那是些什么样的生命。"美国天文学家洛维尔（Percival Lowell）用这句戏剧性的话告诉世界，他认为在那颗红色的行星上存在着运河网络。洛维尔猜想火星是一颗垂死的干涸的行星，那里的居民开凿运河来把极地冰盖的融水引向干旱的赤道地区。他画了一幅精细的地图来支持自己的理论。

那是在1906年，火星生命的思想似乎是完全可能的。威尔斯（H. G.Wells）在1898年写的那本很成功的《星际大战》里，[1] 尽情发挥了这个想象。许多天文学家至少口头承认火星上可能住着某种形式的生命。后来，在20世纪60年代，发往火星的水手号空间探测器没能揭示那些众说纷纭的运河的任何迹象。1976年，美国国家航空航天局（NASA）的两艘飞船在火星着陆，看到一片荒凉的没有生命的土地。它们挖掘了一些泥土，做了微生物和有机化合物痕迹的分析。结果什么也没发现。那颗红色的星球似乎是沐浴在致命的紫外线中的冻结的荒漠。一句话，火星看起来是死的 —— 太死了。

---

1. *The War of the Worlds*，描写的是高度发达的火星人入侵地球，打碎了地球上的社会制度。

不过，最近的意见开始改变了。我们说火星不是生命的居所也许太过草率。水手号系列带回的火星表面的早期照片已经显现了干涸的沟渠，而最近几年来自火星全球调查者卫星的更详细的照片，进一步揭示了一些看起来像洪水冲击平原和干涸湖底的地形，甚至还有古海洋的遗迹。显然，火星曾经温暖湿润过，与我们自己的行星没有什么不同。在遥远的过去，那里能繁衍生命吗？今天会不会还有生命生长在某个昏暗的小环境中？

未来50年，我们将有很好的机会来找到这些问题的答案。看样子，新生的天体生物学将在那些年取得巨大进展，而像NASA的起源计划等研究项目有望产生可能的技术，供我们寻找地外生命，回答那个古老的问题：我们是独一无二的吗？作为太阳系中除地球以外人类探索能够到达的行星，火星将受到特别的关注。它强烈地吸引着我们。那是我们认识第二个创生的唯一机会：在宇宙的另一个地方，生命将从无生命中产生出来。

我们到底该到火星的什么地方去寻找生命呢？它的表面对我们熟悉的任何以液态水为源泉的生命来说都是可怕而恶劣的。两极存在着大量的冰，但那里的温度太低，冰不可能消融。即使消融了，液体也会很快蒸发，因为火星的大气不到地球大气的百分之一。过去，火星一定有很厚的大气层，充满了二氧化碳等温室气体；它能提高温度，为表面长期保持液态水提供足够的压力。据估计，那个"伊甸园"时代在35亿年前就结束了，尽管以后可能还偶尔温暖过。对统治火星表面的生命来说，35亿年太漫长了，所以今天想在那里寻找生命，最大的希望是在表面以下的地带。在过去的20年里，科学家们惊奇地发现有些微生物生活在地壳以下很深的地方。在海底的地下深处也发现了生命。这个深藏的地下生物圈在有些地方延伸了几千米。因为温度随地下的深度而升高,深部的生命很可能是喜欢温暖的,即所谓的嗜热生物。有时候,它们在比水的正常沸点还高的温度下茁壮成长。很多地下生物的能源不是来自阳光,而是来自化学能和热能。有些微生物能利用从地壳渗出的气体和矿物,将其直接转化为生物量,从而维持独立于地面生物的食物链。

地下生命能离开阳光而生存的发现极大增强了我们在火星上找到生命的信心。同地球一样,这颗红色的行星有一个火热的内部,证据是它强烈的火山,有些还在活动。火星的地下无疑存在许多热点,在那里,火山的热量融化了永久的冻结带,为原始生命提供了水源。火星的地下生命也许会通过漏出的气体(如渗到表面的甲烷)而暴露它们的存在。未来号空间探测器将在火星大气中寻找那些来自生物的微小浓度的气体。为了切实研究火星的任何地下微生物,必须深入地下探测。至于该深入多少,没人知道;估计在几米到几千米的范围。计划的火星行动(如欧洲航天局将在2003年6月发射的"贝格尔2号"——一个恰当的名字[1])将携带钻机和钻头;不过它们似乎深入不到生命幸存的地方。

运回地球分析的表面岩石样本可能提供过去的火星生命的线索。最好的证据应该是发现微生物化石。1996年,NASA科学家宣布,他

---

1. 贝格尔1号当然是达尔文1831年环球远航为进化论找证据的那艘军舰(Beagle在英文里是一种小猎犬)。贝格尔2号由英国莱斯特大学、开放大学等高校共同设计,肩负着更大的使命。2003年6月3日,它搭载欧洲航天局的"火星特快"飞船,在哈萨克斯坦的拜科努尔发射场由俄罗斯的联盟号火箭送上天了。

们发现，在至少1600万年前的彗星撞击中落下的一块火星南极陨石包含着像微生物化石一样的细微特征。那块著名的ALH84001陨石经过了严格的考察，尽管还没有结论，但多数观点认为它不会为火星生命提供决定性的证据。[1]

　　NASA正在计划10年内的第一个从火星取回样品的太空行动。一个机器人探测器将从火星表面选择采集一些看起来很有意思的岩石，然后送回地球进行分析。为了绝对安全，岩石将经过严格检疫，不但要保证它们不受地球生命的污染，还要预防任何有毒的火星细菌从它们扩散出去。不过，几乎不可能有什么来自火星的能毁灭全人类的杀手。每个月平均有一块火星陨石落在地球上，在我们的地质历史中，已经有数十亿吨的火星岩石来到地球。有了这样的"陨石交通"，那些样本中的任何火星微生物的祖先可能早就跟着"搭车"来感染过我们了。炮弹轰击和离心实验证明，微生物很容易抵抗陨石从火星喷出时的冲击。一旦进入空间，冰冷的真空条件正好起着保护作用。有些细菌在重压下形成坚固的孢子，能以某种休眠的状态存活很长一段时间。微生物在行星之间穿行的最大灾难来自辐射，但隐藏在直径为几米的岩石中的微生物却可以躲过太阳紫外线、太阳耀斑和所有其他宇宙线（除了极高能的而外）。计算表明，耐寒细菌如果藏在适当的岩石中，可以在环绕太阳的轨道上存活数百万年。陨石经历的最后一场灾难——发生在它们高速进入地球大气的时候——也一定不会出问题，因为摩擦的热量来不及渗透到陨石的内部。总之，似乎没有什么巨大灾难能阻碍可能存在的火星生命成功转移到地球。

---

1. ALH（Allan Hills）84001是美国的一个陨石搜寻小组1984年在南极洲发现的，重1.93千克，说它来自火星的最大证据是它包含着接近火星大气的气体。

　　与取样计划相关的一些行动也在计划当中，它们更多考虑的是，一旦机器人技术证明是可行的，该在火星的什么地方着陆呢。随着便携式超级计算机、神经网络和精密传感器技术的应用，漫游的飞行探测器会越来越多。过去那种迟缓、笨重的飞行器，如1997年NASA"探险者行动"中的"旅居者"，将被灵巧的漫游者所取代，它能独自探索，能在没有控制的情况下现场选择地形和岩石样品。如果发明一种能在荒漠的表面飞翔滑行的火星飞机，必将极大提高如今受轨道局限的考察技术。

　　这些技术进步应该能让我们更细致地研究火星表面的物质。不过，寻找包含35亿年化石的火星岩石也不是简单的事情（更不用说活的微生物了）。地球上，只是在很少的地方，而且在经过非常仔细的选择之后，我们才找到过那个年代的化石。无人探测器采集到包含化石的火星岩石的机会是很渺茫的。也许经过几十年的深入研究后，火星是否有过生命，是否如今还有生命的问题，仍然得不到解决。如果那样，解决问题的最后希望就要落在远征火星的宇航员身上了。

　　把人送上火星不会便宜。送出四个宇航员的价格至少是几百亿美元。不过，削减某些费用还是可能的。独立工程顾问朱布林（Robert Zubrin）在他1996年的《火星问题》一书中指出，火星远征的主要费用是为返航输送燃料。但这也许是不必要的。火星有水和二氧化碳，二者的结合可以产生甲烷，是上好的推进剂。朱布林设想先向火星表面发射一个化学反应器，等它产生了满满一箱燃料才开始远征。宇航员在行星间旅行，来回各需要几个月，会遭遇很多灾难。不过，一旦着陆建立了基地，生命就不至于太危险。正如朱布林说的，火星表面是太阳系里第二个最安全的地方。

在朱布林的计划里，宇航员在火星表面呆两年，在这段时间里，他们要在飞行探测器中进行广泛的研究，寻找生命的迹象。钻探设备可以在宇航员到达之前送去，以便提取来自火星深部的岩石样品。第一个远征队最好在替换他们的队伍到达以后再返回地球，这样，火星就一直有人类的存在。

踏上火星的征程要比阿波罗登上月球艰巨得多。首先需要关注很多技术性的问题。例如，与长期失重相关的医学问题可能会很严峻；利用国际空间站应该能得到一些有价值的经验。尽管计划需要几十年的时间，我几乎找不到什么理由说我们的男女健儿不能在2050年的时候到达火星。

如果我们确实在火星发现了生命，会怎样呢？发现的意义将主要取决于火星生命是否跟地球生命一样。考虑到火星与地球可能相互"交叉感染"，这是很重要的。大量的"陨石飞船"不仅从火星飞到地球，也有从地球飞到火星的（因为地球也偶尔遭到大陨石和彗星的撞击）—— 当然，由于地球的引力陷阱更深，落向火星的岩石会少一些。微生物可能借着这个过程在往来两个方向传播。两个生物圈的混合将使图像变得很复杂。生命完全可能从一颗行星开始，然后在第二个创生出现之前扩散到另一颗行星。尚在争论的一点是，外来的生命能否很快霸占所有可能的生境和食物资源，从而扼杀第二个创生；或者，两个不同的生物系统能否共同存在于同一颗行星？

火星似乎是更适于生命开始的行星。它比地球小，冷却更快，大概在44亿年前就具备了生命的条件。相反，地球到39亿年前才可能适于生命的栖息。在太阳系45亿年前形成以后，火星和地球都经历过至少7亿年的强大的陨石和彗星的撞击。最大的一次撞击事件也许能使整个行星成为不毛之地，笼罩在白热的3000℃高温的岩石蒸气中。这个全球大熔炉会给千米深的地下带去一阵热浪，地表下隐藏不够深的生物都将被杀死 —— 但生物也不可能藏得太深，因为太深的地方也会太热。于是，在内部的地热与撞击的热浪这两个上下界限之间，应该存在一个适合生命的区域。在火星上，那个适合深部微生物的区域可能会被抢先占据，成为生命安身立命的好地方。

地球上所有的生命都是相互关联的 —— 就是说，它们来自同一个祖先。栖息在我们生物圈的形形色色的物种不过是同一棵生命大树的不同分支。如果生命从火星开始扩散到地球，那么任何灭绝或者残存的火星生命也只不过代表着那棵大树的另一个分支 —— 也许更低级、更古老，但跟地球生命有相同的起源。到2050年，基因排序技术将高度自动化，而设备也都是便携的。这样，我们有可能在火星基地进行必要的研究，省了一系列检疫程序的麻烦。

假如证明火星生命与地球生命相同，火星就不会成为我们急切寻找的第二个生命的例子。也许我们仍然可以说，生命的起源是奇异的偶然事件，在宇宙间是独一无二的。为了解决生命唯一还是普遍的问题，我们需要看得更远一些。太阳系的另一个可能拥有大量液态水的行星是木星的第二颗卫星欧罗巴。它有一个冰壳，冰壳下面可能是液体的海洋，海洋需要的热量来自欧罗巴绕着木星旋转时产生的潮汐摩擦。因为距离太远，欧罗巴不太可能被地球或火星的生物"传染"。遗憾的是，从我们能预见的任何技术来看，即使在未来50年，载人远征欧罗巴也是不可能的。不过，那时可能会向它发射一个无人探测器。困难在于穿透那厚厚的冰层。一种可能的办法是在探测器上装置一个小核反应堆，这样它可以在前进中融化一路的冰壳。然后，放出一艘小潜艇去探索那黑暗的海底。

天体生物学家们普遍认为，不太可能在太阳系发现任何类型的比简单细菌更复杂的地外生命。复杂的生命大概需要很像地球那样的行星：有厚厚的大气，液态的水，臭氧层，实现大气气体（如二氧化碳）循环的板块构造。在即将到来的几十年，从其他恒星系中寻找类似地球的行星将是一个主要课题。那些恒星的距离太遥远，即使再过50年也不可能去探索它们。如果推进技术没有革命，任何到太阳系外的飞行器都需要几千年的时间才能到达目的地；在可以预料的将来，其他地球的找寻有赖于改进的观测技术。近年来，天文学家已经用大地基线光学望远镜发现了好几十个外太阳系，但是它们的距离太远了，所用的技术不足以灵敏地确定像地球大小的同样在轨道上环绕着恒星的行星。实现这一点还需要巨大的超精确的空间基线光学系统，它能识别出微弱的行星反射的来自它光亮的母恒星的光，然后从光谱的分析中寻找泄露生命秘密的信号，如行星大气中的氧。这是NASA起源计划里的关键课题。

有人提出一个4光学望远镜的系统：让4个望远镜完全同步地飞行，从而形成一个巨大的干涉仪，它能以前所未有的精度分辨出遥远的天体。这个系统 —— 所谓的TPF（"陆地行星发现者"的简称）——

可能在2016年进入太阳轨道。如果行星发现者成功了，跟着的还将有"行星图画者"PI —— 更大的干涉仪，相当于一个360千米大的望远镜！它将为在太阳系外发现的任何类地行星描绘出特写图像，揭示任何表面生命的活动。洛维尔辛苦观测的火星运河网络尽管把我们引入了歧途，但在他150年后的我们却想象在许多光年外的另一个太阳系有着同样的结构，这是多么有趣的想法。

当然，我们也可能非常幸运地在邻近的星系发现复杂的智慧生命。其他恒星系也可能有地球那样的行星，上面的生命还停留在细菌的水平。复杂生命出现在地球也许是靠了我们太阳系的一些非常特殊的性质，例如，我们的行星有一个异常巨大的月亮，它能稳定地球的运动，防止剧烈的气候变化。月亮可能是地球的外层形成的 —— 在太阳系形成时，一颗过路的火星大小的天体撞击地球，结果产生了月亮。这是非常难得发生的偶然事件。木星也帮了大忙。如果不是它清除了周围的彗星，它们会经常地撞向地球，引发物种的灭绝。这样一些环境，加上其他条件，如我们行星的化学组成和太阳的稳定性，说明像地球一样适合生命的行星在银河系中是相当罕见的。

地外生命的找寻停滞在成功的门口。许多事情还有赖于结果，因为在其他地方寻找生命就是在寻找我们自己 —— 在宏大的宇宙蓝图中，我们是谁？我们的空间算什么？假如生命是落在我们这个宇宙小角落里的惊人的化学意外，像我们这样的智慧生命是独一无二的，我们对地球行星的责任就更加重大。假如我们真的发现了第二个创生，它将永远改变我们的科学、宗教和世界观。如果一个宇宙的自然律喜欢生命，那么在那样的宇宙中，生命就是根本的而非偶然的特征；在那样的宇宙中，我们才真的有家的感觉。

戴维斯（Paul Davies）

戴维斯（Paul Davies）理论物理学家，伦敦帝国学院和昆士兰大学访问教授，是下列畅销科普书的作者：《关于时间》（*About Time*）、《上帝的头脑》（*The Mind of God*）和《第五奇迹：寻找生命的起源》（*The Fifth Miracle: The Search for the Origin of Life*）等。戴维斯的研究主要在量子引力和宇宙学领域，但他的兴趣很广，从粒子物理学到天体生物学。他正在研究生源论问题和宇宙对早期生命演化的影响。多年来，他写了，讲了很多关于科学的深层意义的东西，因为这些工作，他在 1995 年获得了 100 万美元的 Templeton 奖[1]。

1.这是 John Templeton 爵士在 1972 年创立的一个 "宗教进步奖" （Templeton Prize for Progress in Religion），也被誉为宗教的诺贝尔奖。获奖者除了宗教界人物，也有不少是在科学与宗教的对话方面做出过重大贡献的科学家，特别是物理学家。

预测未来

J.H. 荷兰

John H.Holland

　　长期预测是普罗米修斯式的事业：预测（也许还有预测者）的命运很可能是不幸的。不过，我们很难逃避预测的挑战。有的地方本不该去，可我还是决定要去，问题的关键就在于，我发现，如果把心思集中在预测过程本身的可靠性，把预测结果作为某种形式的图解，那么总有一条曲径通向那个目标。

　　准确预测的最重要的一个因子是细节的水平。有经验的棋手走出几步之后往往就能预测输赢，但他们很少试着去预测终局会是什么样子。在更复杂的水平上，很多生物学家都会一般地预测进化的生命形式是地球类行星的共同特征，但几乎无人明确预测这样的进化生态系统必然会产生灵长目的生命。任何预测大概都存在同样的问题。

　　做预测的普通方法是考察目前趋势的延伸。利用这个技术，我们预测了各式各样的事物：如未来的收入，不论国民总产值还是个人收入；如人口的变化，不论人种的改变还是瘟疫的流行。在短时间内，这样的预测是有价值的，但对长期来说，趋势可能是错误的引导，除非基础的过程有很大的"惯性"，如人口的增长和温室气体的形成就是这种情形。

在当前的技术和社会尺度下，即使我们着眼于人口增长和温室效应，50 年也是一个漫长的时间。而且，在那个时间尺度，普遍的特征都决定于我们现在所谓复杂自适应系统（CAS）的影响。CAS 由许多相互作用的部分（叫行为者）组成，各行为者在相互作用中彼此适应（或"互相学习"）。股市和免疫系统是大家熟悉的 CAS 例子。即使在相对短的时间尺度，CAS 也表现出多方面的不可加（非线性）效应：自组织、混沌、分形吸引子、冻结事件、杠杆点……结果，不可能将部分的行为加起来得出总体的趋势。另外，我们只有一点零星的 CAS 理论。由于没有完整的理论，我们也没有普遍和原则性的方法来决定这些不可加效应的影响。于是，当问题涉及 CAS 时，预测就伴随着灾难。

虽然有这样的警告，我还是认为有可能揭示某些未来可能发生的事情。这种可能性激发了我们构造模型的能力。以计算机为基础的模型，是我们目前最有力的检验不同历史的工具。模型使我们看到了不同作用序列产生的结果，就像飞行专家用飞行模拟器检验飞机设计的极限技术系统。通过模型做预测有几点特别的优越性：

1）预测基础的假定是明确的，因此别人也可以判断假设的相关性和预测的合理性。实际上，他们可以利用或修正这些假定做出自己的预测，从而丰富整个事业。

2）结构好的模型是模块化的，因此可以通过相关的模块和错误反应来跟踪预测的误差，为改进预测提出修正的建议或者新的模块。

3）为了证明预测的强大适应能力，模型能在不同条件和作用（检验极限技术系统）下反复运行。

尽管模型的这些优点对任何预测努力都很重要，但就本文的目的来说，这种方法有着显著的缺点：做计算机模型是很费时间的事情，有时需要几个月，也可能几十年；天气变化模型就是一个例子。本文准备仓促，不可能彻底地讨论模型方法。不过，我们可以把一些构造单元的粗糙描述堆积起来，然后构造出一个那样的模型。粗糙的描述可以带来视频游戏式的图像，人的直觉通常就同那样的图像一道产生。

在动画片的设计中，确立视频游戏模型的起点是确定哪些东西在缓慢变化，哪些根本没有变化。不变量的和缓慢变化的量提供了支撑预测的框架。一旦框架搭起来，我们就想把看来容易控制和预测的元素装进去。技术的变化往往比社会的变化更容易预测，尽管有些科幻作家 —— 我想起凡尔纳（Jules Verne）、威尔斯（H.G.Wells）和克拉克（Arthur C. Clarke）[1] —— 很好尝试过长期的社会预测。凡尔纳1863年的小说《20世纪的巴黎》发生在1960年的巴黎，除了前所未有的政治信仰、战争和边境争端发生了变化，他说中了好多事情。[2] 不管怎么说，社会的长期预测很少有成功的。摩尔（Gordon Moore）关于计算机硬件能力每18个月翻一倍的预言对几十年是成立的，但我不知道有谁在摩尔做预言的时候预见了Amazon.com和e-Bay。[3]

所以，我下面从看起来简单的事情说起，讲一些我认为有可能在

---

1. 克拉克（1917 —）是英国科幻小说大家，他的书发行了5000万册，最著名的是《太空漫游》系列。据说，从他头发取出的DNA即将真的"漫游太空"。
2. 凡尔纳这本书当年没能出版，手稿也失踪了，1994年才找到。小说是反乌托邦的，预言了传真机、电子计算机、汽车、地铁等。但那个巴黎是技术的世界，没有一点儿艺术。
3. Amazon.com是世界最大的网上书店。（书店的创业者们当初实在想不出一个好名字，就用了"亚马逊"，没有什么特别的意思。）e - Bay是美国人Pierre Omidyar于1995年5月1日创办的一个拍卖网站，是目前世界上注册人数最多（超过1000万）的拍卖网站。

几个相关领域发生的技术变化：计算机化和机器人技术、生物学、运输和空间探测。然后，我将推测这些变化的社会影响 —— 它们对人口、计划和教育、隐私、医药和新探索时代的影响。

技术框架

在10年或20年的时间尺度上，相对容易的预测是粗线条地描绘计算机及其衍生物（如互联网）的未来。摩尔关于硬件进步的定律仍然成立，而软件似乎还将保持它蜗牛似的步伐 —— 有些要10年或20年才翻1倍。软件的迟缓至少跟硬件的迅速一样重要。虽然我们现在有一定能力做出具有针对一定目标的简单知识的计算机，但要让它们拥有更多的人的能力 —— 如灵活的模式识别能力（在一堆混乱的事物中间识别熟悉的对象）或语言的理解力（如理解一部小说） —— 我们并不比上个世纪中叶好多少。对于能创造、能通过类比和常识进行推理、能做假设的计算机，我们还只有模糊的轮廓。

我们面对CAS问题时，摩尔定律也帮不了什么忙，因为问题尺度的小变化会导致复杂性的大增长。看一个简单例子。在围棋游戏中，如果19 × 19的棋盘增加一行和一列，那么，不需要改变任何规则，移动10步的可能走法就会增加5倍！如果说这不过是只有几条规则的游戏的情形，那么CAS的情形呢？像市场和政府那样的系统，最粗糙的模型也可能包含着几十条描述相互作用的"定律"。这样的问题不会像深蓝战胜卡斯帕罗夫的例子那样，通过硬件和黑客的方法来解决。不过人们在日常事物的基础上面对CAS，通常是很在行的。用人工智能（AI）先驱明斯基的话说[1]，奇怪的不是深蓝能以国际大师的水平下棋，而是人类仅凭寻找"10步"的那么一点本领，就能在那样的水平上挑战计算机。自有记载的历史以来，人类就一直在努力去发现产生思想和意识的机制。多数心理学家现在相信，意识关联着中枢神经系统的神经元活动，但意识与神经活动的关系，我们还几乎一无所知。揭示这种关系已经是众所周知的大难题，我想它在未来50年也不会突然就"被解决了"。

社会框架

做社会预测时，我们至少已经知道，人类本性在过去的几千年里，即使有变化，也是变化很慢的。古罗马的元老们从政府信使那儿得到警告，迦太基人的谷物（罗马的"面包篮子"）要歉收了。于是他们垄断了谷物市场，聚敛了大量财富。贪婪的本性，因为一个短期预言而表现出贪婪的行为，在后来的两千年里几乎没有改变。

除了不变的人类本性以外，还有些问题来自高度惯性的过程。人口数量和在人口影响下的过程，如温室气体的聚集，就是一个基本的例子。它们的根基经历了一代又一代，不可能一下子扭转过来。影响我们许多社会议程的问题，都不是权宜之计所能解决的，解决它们还需要对当前行为的长期效应做出合理的预测。

---

1. 1956年，人工智能的先驱者西蒙(Herbert Simon)、明斯基(Marvin Minsky)、麦卡锡(John McCarthy)等人在达特茅斯学院（Dartmouth College）召开了第一次人工智能研讨会，"人工智能"一词也在会上第一次出现，拉开了AI研究的序幕。

　　我们今天为增进对生物过程的认识而进行的持续而广泛的努力，还可能一直持续下去，因为它关系着巨大的社会和经济利益。然而问题在于，我们具体做什么 —— 开拓什么，不开拓什么 —— 却受着政治、经济和个人思想等多方面的影响。短期效益与长期探索之间的冲突，在这里表现得尤为强烈。

技术的变革

　　摩尔定律的持续影响，使我们有可能把20世纪末年的一些普通机器做得更小，并把它们结合起来。我们会做出手表大小的兼有全球通讯、视频、计算、动画设计、定位功能并带3维投影显示的笔记本（类似于《星球大战》里R2D2用的投影仪），可以顶在头上，也可以拿在手上。它会变得和手表一样普通；它还有视频游戏式的界面和为用户服务的知识，最后用起来真的跟笔记本电脑一样容易。

　　为了获得能自动处理自适应复杂系统的计算机，我们还需要像人脑一样灵活和聪明的软件。我想，只有能学习和进步的软件才能做到这一点。因为涉及CAS的都是重要而普遍的问题 —— 从社会现象（如全球贸易中的市区衰退或涨落）到环境问题（如外来物种的入侵或生态系统的可持续性）—— 我们将越来越重视具有那些能力的软件。即使今天前进的步伐还很缓慢，我们还是会越来越多地应用那些能根据经验修正自身的软件，以满足不同客户的特殊需求。在50年里，我们可能有像训练有素的助手那样的机器人，尽管它们面对意外事件可能手足无措。我想在50年内我们做不出"有意识的"机器人，尽管我确实认为它们最终会出现。

计算机和自动实验仪器极大地增强了我们对生命和活有机体的认识。到21世纪中叶，20世纪末年的许多医学手段 —— 例如用手术、化疗和辐射来治疗癌症 —— 将被看作跟几百年前的放血术一样无效。我们也许能从简单的没有生命的生物化学物质开始，在一只试管里造出生命，它在技术上能应对所有的疾病。我们几乎一定能制造人工免疫系统来对付生命的病毒和电脑的病毒。我们常常低估了与生俱来的免疫系统的威力；它是那么有效地抵御着各种莫名的入侵者，才使我们大多数人能在很长的时间躲过疾病。更令人惊奇的是，我们发现，从体细胞世代来说，这段没有疾病的时间，相当于从中世纪到现在的人类世代。人工免疫系统的诊断能力还可以帮我们克服某些困难，将基因组序列与基础的信号分子的复杂网络 —— 为生物细胞赋予了遗传性和适应性的所谓生物网络 —— 联系起来。

有一个技术领域，陆地运输领域，其变革晚来了很久。20世纪的汽车为发达国家的人带来了巨大的"活力"，使他们不再像奴隶那样被限定在一个地方。但是我们仍然得面对拥塞的"罗马路"。尽管公司的庞大基础设施体系能承受这样的现实，压缩能量的传输还是即将发生巨大的改变。计算机导航和全球定位可能使一个个的运输更加灵活，不必受路径的限制。未来50年里，有50％的机会出现某种安静的海陆空三线运输。尽管这种新型运输需要获得道路的使用权，但能节省大量基础设施的费用，如公路和桥梁的维护费用。

最后，我想我们将从漫长曲折的太空探索道路走出来。40年前，我们就能用 X 系列和黑鸟飞到太空的边缘。[1] 但我们抛弃了那一切 ——
毁了关键的生产设备，甚至毁了蓝图 —— 为的是在助推火箭上加载荚
仓，这是一条设计优良的路线，然而走到了尽头。不过，因为以下一些
原因，我们将走过这条曲折的道路：

1） 我们又开始研究推进系统了，如超音速燃烧冲压引擎
（SCRAM），它能让我们飞入太空。
2） 能自由操纵行星际空间的国家，像 15、16 世纪那些能跨越公
海的国家一样，占据着明显的科学、军事和经济的优势。
3） 20 世纪后期的天文学，连同声名显赫的哈勃太空望远镜，向
我们展示了 "外面" 有什么奇迹在等着我们。

社会的变化

50 年尺度上的第一重要的事情，是把地球人口进一步降到与可再
生资源相当的水平。我们某些最严峻的大尺度问题 —— 如食物短缺、
森林破坏、全球变暖、能源危机 —— 都可以归结到人口相对于资源的
过剩。摩肩接踵的人带来的自然和精神的压力，不是技术措施所能缓
和的。所有国家都把这个问题放到头等重要的位置 —— 如中国 ——
所以，我想在未来 50 年，人口数量会得到很好的控制，而不会出现像
黑死病或世界大战那样的灾难。

---

1. 1947 年 10 月 14 日，美国贝尔公司在加州试飞了第一架超音速飞机，它的名字叫 X-1，不过，它是
被挂在一架巨大的 B-29 轰炸机上飞上天的。这个系列一直延续着，因为都是试验性的飞机（所以
才叫 X），所以常常被 "抛弃"。"黑鸟"（blackbird）是美军高速侦察机。

实际上，我们正更加敏感地对待其他诸如此类的长期性问题，更认真地对待不同的可能和选择。过去，选择的技巧在棋类和战争等游戏中显得特别重要，但内容总是有限的。视频游戏拓展了内容——像"模拟城市"（Sim City）和"文明"等游戏，极大增强了我们对错综复杂的社会政治相互作用的感受力——界面也更加真实，普通玩家能轻松地选择不同的选项。当这股潮流更紧密地与从气候变化到人工智能的各类事物的精妙模拟联系起来时，会有更多的人（多若干个数量级）有原则地按部就班地探究未来的选择。我前面提到的小型化通用设备——我们称它为"计划者"——将加速这个过程，让未来计划融入每一天的状态。有了视频游戏，就不需要程序专家的意见了，而只需要经验的直觉和探索。"计划者"将使后视频游戏时代的人利用适合用户的现实和可控的三维界面来检验寻常行为的结果。也许，我们会拿飞行模拟游戏来"检验"社会和政治决策的"极限系统"。

当然，"计划者"也牵涉到一些社会问题。有一个问题是早就存在的：对走进专业和学科的人来说，计划者是自然的助手；还有些人则不愿或不能走进来。这两类人之间的知识和收入的差距正越拉越大。在发达国家，几乎每个人都将用计划者那样的21世纪中叶的电话机来探究未来的选择；而在其他地方，知识和收入的鸿沟将更加深广。如今，在南部非洲，读书在9年级以上的人还不足15%；他们多数人都不常用电话，能用计划者的人肯定会更少。

还有一个更大的问题，将令我们所有的人都感到苦恼：如何保护个人的隐私？如何摆脱频繁的监视而自由自在地活动？计划者的视频摄像头（videocam）和快捷通讯能力让每个人都成为新闻人物。这有好的一面：过去因为隐蔽和缺乏证据而猖獗的犯罪，如强奸、抢劫、盗窃等，在现场情景能立刻传播出去的未来，将越来越少。另一方面，也更重要的一面，计划者有可能侵犯别人的隐私。相比之下，喜欢报道任何迎合"大众趣味"的事件（如灾难、人的怪癖之类的东西）的媒体大概要黯然失色了。不受侵犯的隐私和自由，是文明民主的核心（"一个人的家就是他的城堡"[1]）。一旦失去这些权利，专制很快就会出现。到 21 世纪中叶，在技术上有可能跟踪任何一个人的具体活动。我们将处于外在力量的把握中，仿佛中世纪的奴隶，到临近的村庄去还需要主人的同意。因为言论自由有了限制（我们不能在拥挤的剧院大喊"着火了！"），这里的问题是，通过建立一个法律和习俗组成的系统来严格限制政府和个人对别人隐私的侵犯。这个努力 —— 在《1984》的阴影下，[2] 100 年后能否成功还是个问题。

增强了对生物学的认识，我们比以往任何时候都能更好地控制疾病和伤痛，从它们带来的痛苦中解脱出来。同时，我们也可能更容易发动生物战争，更容易在基因工程中犯错误。不过，我认为防御会与进攻同步，甚至超前。人工免疫系统对自然和人工系统都形成了有力的保护。人工免疫系统有能力发现那些抵御异常抗原的生物分子，再结合药物设计和生产的自动化技术，药品的成本将大为降低 —— 即使是针对罕见疾病的小批量的药品，也是如此，这就像廉价的 CD 生产能为很小的听众群录制音乐。治疗成本的减少，加上人工免疫系统

---

1. 这原是一句英国谚语，"An Englishman's home is his castle"，照英国的法律和习俗，个人的家是不得随便闯入的。
2.《1984》是英国小说家 George Orwell (1903—1950) 1949 年写的政治幻想小说，描写了一个反乌托邦式的极权社会，那个社会流行的口号是，"战争是和平，自由是奴隶，无知是力量"，个人的权利被完全践踏了。

的诊断能力，最终能把不断增长的医药费用降下来。

最后，我们即将拥有管领行星际空间的能力，它将挑战当年"新世界"的探索，开创一个发现与振奋的新时代。在50年里，我们可能在月球、火星和环绕木星的轨道上建立基地。这些基地就像15和16世纪欧洲人在新世界建立的第一批营地，会出现源源不断地激发我们想象力和好奇心的奇迹。处在那个"外面的世界"，我们有更多的机会（像SETI那样）接收银河系其他文明的信号。这些观测（假如做了）可能产生的影响，至少跟古希腊著作的重新发现对中世纪欧洲的影响一样巨大。

荷兰（John H. Holland）

荷兰（John H. Holland）是安阿伯密歇根大学心理学和计算机科学与工程学教授，圣塔菲研究所外籍教授兼理事会成员。他的主要研究兴趣是复杂自适应系统（自然的和人工的）、认知过程的计算机模型、计算机思想实验模型的构造。他是著名的"遗传算法之父"，国际遗传与进化计算学会理事。最近的书有《突现：从混沌到秩序》（*Emergence: From Chaos to Order*）和《隐藏的秩序：适应如何产生复杂》（*Hidden Order: How Adaptation Builds Complexity*）。

肉体与机器的结合　　　R. 布鲁克斯
　　　　　　　　　　　　　Rodney Brooks

　　至少在最近500年，科学和技术使我们面临一系列的"泛化"
（generalizations），它打开了更广大的天地，清除了我们关于自己和
我们的世界是独一无二的认识，使我们变得莫名地不安、愤怒甚至暴
烈。17世纪初，伽利略凭着近50年的详细观测数据的支持，就地球
在天空的地位问题与教会发生了激烈的冲突。虽然在强大的宗教势力
面前，伽利略策略地退却了。但不久就清楚了，地球不是宇宙中心的
独一无二的天体，而是围绕着太阳的几颗行星中的一颗。当然，后来
发现太阳也只是众多恒星之一；再后来又发现，我们的银河系也不过
是一个普通的星系。今天我们的智力难题是，这些令我们越发渺小的
发现，是否会落在我们的宇宙本身。

　　达尔文在他的年代将人类泛化为动物王国的一部分，直接通过
血统与它发生联系 —— 这一点甚至在今天美国的理性荒漠还是政治
迫害的缘由。20世纪为这个思想增添了一点修饰，根据克里克和沃
森的研究，我们发现，我们的许多最基本的基因与酵母菌或果蝇的基
因没有多少不同。世纪末的时候，我们又迎来两个"泛化"：我们的生
命也许不是源于地球，而是来自其他行星的生命种子。最后我们发现，
人类的基因没有想象的那么多，实际上比其他许多动物甚至西红柿还

少。不论在哪一点，我们都不是独一无二的。

每一个泛化都曾挑战我们的自我认识。我们已经不那么特殊了，只是更大实在的一个部分。失去特殊的地位往往是难以忍受的，但我们还是慢慢让自己适应了每一个发现带给我们的新世界观。没有哪个发现是突兀而来的。地外智能的发现，假如发现了，也许像一个突然的理性震撼，而且在某种意义上是那样的；不过即使在这里，我们也将逐渐敏感起来，因为我们越来越多的人对SETI（寻找地外智能）有了足够的认识，愿意拿我们还不太习惯的电脑来投入这场战斗。所有这些物种的发现都经过了很多先前的发现、论证和讨论才降临我们。高潮可能是戏剧性的，而前兆也总是存在的。

今天，在这21世纪的开端，我们可以看到未来50年将要发生的另一个泛化的前兆。我们的人性本身将受到威胁，它还可能将我们引向激烈的斗争：从根本上说，什么是理性的思想？什么是宗教的思想？斗争的小冲突已经发生了，没有一点儿动人的地方。我们面临的泛化是，我们人类也成了机器——一样受我们平常用于机器的那些技术的摆布。问题可能更复杂的是，我们技术的基础结构会像最近50年那样发生彻底的改变，而我们身体的技术和生产的技术将泛化为同样的事物。

现代分子生物学的一个尚未阐明的中心原则是，关于生命系统（包括我们自己）的一切事物都是分子相互作用的产物。现代生物学是建立在严格的唯物论基础上的。除了依照各种不同形式的力发生相互作用、服从温度和量子效应引发的随机性的分子以外，再没有别的

东西了 —— 没有长生不老的药，没有生命力，没有离开物质基础的思维，也没有灵魂。这些看法不是科学家要讨论的问题，正如没人讨论我们与马铃薯从一个共同的祖先演化而来。假如两个原则 —— 我们生命的分子基础或者生物系统经历进化的思想 —— 中间有一个是错误的，那么我们的农业、我们的医学、我们的化学工业、我们的制药行业、我们的流行病学，还有我们的保护工作，都将建立在错误假定的基础上，只能靠它们的运气来工作。关于生命系统还有一些细节需要揭示，在未来的一二十年里，一定会出现几步更大的思想跳跃，也一定能听到不和谐的声音。它们也许会像量子力学对物理、计算机对数学那样，给生物学带来混乱，不过我们目前的认识也不会一股脑地完全被抛弃。中心的原则仍然成立 —— 我们是亿万无意识分子相互作用的产物，不可能是别的：不是燃素或以太，而是日日月月、年年岁岁的千百次新实验所证明的事实。

多数人对过去50年分子生物学的结果一无所知，也一直过得很幸福，不过他们现在也开始来关心了。不久以前，美国总统在全国电视讲话里宣布基于伦理和政治的考虑，政府应该资助什么类型的干细胞研究时，还仔细分析了生物学研究的难以捉摸的细微差别。这肯定不会是我们最后一次看到我们的总统们不知所措的样子；也不会是我们最后一次看到两边的鼓吹者们的传统路线令人眼花缭乱地交叉在一起。当然，我们一定还会看到越来越多的游行示威，有的可能还是暴力的 —— 不单是反对基因食品（我们现在已经有了），还反对那些贬低我们、把我们与我们操纵的人造物等同起来的技术。

我们已经开始将过去50年发展的分子生物学的分析工具转化为

工程工具。凭着那些工具，我们正在认识我们有多大能力在生命活动的最基础的水平上把握生命本身 —— 特别是人的生命。

　　50年前，第二次世界大战刚结束的时候，有过一次工程的转变。在那之前，工程一直是工艺练习，但是大约从1950年起，工程变成了以物理学为基础的一个学科。现在我们看到又一个工程转变正在发生，这次它将变成主要以生物学为基础的学科，尽管也不会失去物理学背景的严格。在MIT人工智能（AI）实验室（我是主任），我每天都能看见这种转变的迹象。我们清理出过去做硅芯片的房间，在那里搭起水下实验室。我们将程序编入结合成基因组的DNA序列，目的是培养出细菌机器人。我们的30年目标是精密地控制生命系统的遗传，这样，我们可以不经过种树，砍树，然后造桌子，而是最终让桌子自己"长"出来。我们把用硅、钢做机器人的实验室改造成了用硅、钢和活细胞做机器人的实验室。我们培养肌肉细胞，用它们作为这些简单机器里的驱动者，例如无缝安装在残疾人身体上的假肢。AI实验室的一些研究如何让机器学习的人员，已经停止建立更好的网络搜索引擎，他们开始设计一些程序，通过学习人类基因组的相互关系来预言疾病的遗传起因。我们把存放机械CAD（计算机辅助设计）系统的空间改造成了测度人类大脑动力控制的空间，这样，我们最终可能为大脑疾病患者做神经修复。我们的视觉研究者们，冷战时期常为探测俄罗斯坦克建立算法，现在他们建立了专门的视觉系统来指导神经手术。同样的转变正发生在所有的工程部门，不仅在MIT，而且在全世界。

　　眼前的第一代转变正迅速促进着硅钢技术进入我们的身体。早先从事这些实践的人受现实临床需要的驱使，他们努力去修复伤残退化的躯体。我们很早就有了起搏器和人造臀，最近又有了人造心脏。但是今天更复杂的神经修复术正在成为寻常事情。数万严重失聪的人在他们的耳蜗移植了永久的助听装置；它们提供了 6 个频率波段，直接刺激耳蜗里某个位置的神经 —— 健康的耳朵在那个位置对那个频率是很敏感的。这些人通过电流对外围神经的直接刺激来听 —— 更具体说，通过硅和"湿"的神经回路的组合来听。

如果类似的视觉移植也同样有效和理想，视网膜黄斑变性的患者将成为最大的受益者。世界各地的研究小组正在考虑的问题是，把硅摄像机芯片植入人的视网膜，然后，要么直接把图像元素与视网膜神经联结起来，要么通过有线或无线将图像发送到以前的大脑后部的视觉过程区域。这种器官的短期植入实验已经做过一系列了，写作本文时，三个患者的视网膜移植已经过了一年多 —— 尽管到现在还没有任何结果发表出来。从技术上说，成功的视觉移植比耳蜗移植更难实现，原因还远不仅仅在于它需要在准确的位置做好摄像机芯片与神经之间的几千个联络（在传送寻常讲话时，只要几组联络就够了）。然而，我们有很多理由相信，视网膜移植最终会像耳蜗移植那样寻常。

几个四肢瘫痪的病人，脊椎骨甚至脑干都严重损伤了，不能说话，不能控制呼吸，需要呼吸器。现在，通过大脑的神经移植，他们只靠思想就能指挥电脑鼠标。通过这种方式，他们又能与外面的世界交流了，并对它进行一定的控制。至少，他们能选择他们想在电脑屏幕上看到的东西，还能（当然多少有些费力）下命令、写信、发电子邮件。在某些实验中，他们能控制在日常生活中帮助他们的机器人。我们可以设想，这些把某些基本的人类尊严还给严重残障者的机器，将继续发展下去，它们的适用范围和适应能力还将与时俱进。

还有很多别的实验 —— 例如，系统训练被打伤的和脊髓损伤者的肌肉，重新连通帕金森症等类似疾病患者的神经信号 —— 也把硅和钢带进了病人的身体。所有这些实验为我们重新找回大脑关键区域的适应能力带来了希望。

不久以后，这些临床手段就会有选择地应用开来。在未来的10年或20年里，文化将发生转变，为了提高我们在现实世界的实践和认识能力，我们会把机器人技术、把硅和钢用在我们的身体上。眼睛健康的人都可以选择一个对红外或紫外线敏感的器件，安装在自己的某一只眼睛里。我们也许还能直接在大脑安装无线连通的互联网 —— 当然，我们还不知道用它浏览的网页，"看起来"或"感觉起来"会是什么样子。

接着，大约21世纪走过四分之一的时候，我们可能迎来更多的增强我们生物本能的技术。在那个时间框架下，真正的大范围的基因工程 —— 超越我们当前在农业和医药领域里进行的开发 —— 将普遍流行起来。它将应用于石油工业，塑料和其他材料的生产，废物的回收利用，电池的生产，可再生能源以及许多我们现在难以想象的领域。到2025年，我们还能在精确的控制下满怀信心地将这些技术应用于我们的身体。这不是什么奇怪的巧合 —— 同样的科学和技术已经在其他方向上成功应用开了。

早期的某些强化我们生物本能的技术，可能需要在大脑皮层增加神经元的数量。我们正在老鼠身上做这类实验。在处于某个关键生长时期的老鼠的大脑中植入额外的几层神经细胞，它会变得比没有经过细胞移植的同伴更聪明。我们更熟悉在儿童时期控制我们大脑生长的荷尔蒙平衡，也许我们可以在成年的大脑中添加一点神经元，提高几分智商（IQ），恢复我们小时候的记忆能力。疯狂地强化人的能力，很可能产生一些问题和麻烦，但是不要忘了，技术——尽管忽冷忽热，总要继续的。

到21世纪的中点，我们将拥有许许多多新的生物能力。有些在今天看来还是幻想，正如今天的计算机的速度、存储和价格，对1950年工作在第一代数字计算机面前的工程师们来说，也像梦幻一般。我们似乎有理由相信，到2050年的时候，我们不但能在受精时刻干预和选择婴儿的性别，还能选择许多体貌、精神和性格的特征，这可不是寻常的事情。我们已经看到，仅仅决定胎儿性别这一点，在某些地方导致了多么严重的性别比例失调；我们可以预料，新的能力将对世界人口的组成产生深远的、根本难以预料（在现阶段）的影响。

我们还将有能力改变现有的身体。20世纪末，手术整形和生化美容（例如，用肉毒毒素）在西方世界已经很普遍了；可以预料，50年后我们能看到通过遗传来改变人的身体。这些改变当然是为了延长生命，但也有许多是为了娱乐和生活格调。"人体画廊"将以我们今天难以想象的方式展开。

为改变我们的身体而发展起来的技术也可以用于我们的工业系统。我们现在生产的许多东西，将来可以通过利用基因工程的生命来

培育 —— 那些生命在我们的数字控制下完成分子的操作。我们的身体和我们工厂里的材料将成为同样的东西。也许我们还能在思想里把它们分开，就像我们现在能在精神上区别我们的环境与我们在养鸡场饲养的鸡的环境。但是，当那些思想的阴影令我们反思自身有限的存在时，我们把自己作为一个物种的观念将发生改变；我们会发现自己不过是生产系统的一个基本部分而已。

在所有这些科学和技术前进的时候，我们将一次又一次地面对一堆同样令人困惑的问题：什么才是有生命的？什么把事物变成了"人"？什么把事物变成了"亚人"？什么是"超人"？我们能接受什么样的人性的改变？操纵人的生命符合伦理吗？甚至，以特殊的"正确"方式操纵人的生命符合伦理吗？谁规定的"正确"？谁规定的"生命"和"人"？一个科学家对他操纵 —— 或者创造 —— 的形形色色的生命负有什么责任？

这些问题，不仅会在科学范围内被善意地提出，也将在更大的社会里同更广泛的问题一起讨论 —— 从汪达尔行为到[1]恐怖主义到最终的战争。

我们的前辈 —— 500年来最早感到不安的那些人 —— 只改变了我们对自己在天地间的地位的认识。在未来50年，新的泛化将赋予我们力量去改变那地位本身。我们正在摆脱自己作为生命和万物秩序

---

1. 汪达尔人（Vandal）原是日耳曼民族的一支，公元455年他们占领罗马，毁坏了大量公共建筑，"悲惨地看过古罗马废墟的游客很容易情不自禁地指责古代的哥特人和汪达尔人"（E. Gibbon《罗马帝国衰亡史》）。由此派生的Vandalism指狂热的革命者对艺术的破坏。

的被动观察者的角色，而成为生命和秩序的操纵者。我们将不再看到自己局限于达尔文的进化。现在我们能选择以明确的方式，作为个体、也作为一个物种，参与那场进化。相比之下，我们的核裂变历险不过是一场儿戏。我们需要把我们的骄傲小心地收敛起来——假如我们想让我们的子孙后代能在未来的某一天成为我们星系其他某个地方的SETI的愉快的发现目标。

布鲁克斯（Rodney Brooks）

布鲁克斯（Rodney Brooks）是麻省理工学院（MIT）人工智能实验室主任和计算机科学Fujitsu教授。他还是智能机器人（iRobot）公司（与其他玩具、石油、消费和国防工业等公司合股的一家公司）主席和首席技术官。在莫里斯（Errol Morris）1997年的电影《快捷、便宜、失控》（Fast, Cheap, and Out of Control）中，布鲁克斯博士是四个主角之一——电影的名字来自他在《英国行星际学会杂志》（Journal of the British Interplanetary Society）的一篇文章。他是《模型计算机显示》（Model-Based Computer Vision）、《通用LISP程序》（Programming in Common LISP）、《寒武纪智能》（Cambrian Intelligence）、《肉体和机器：机器人如何改变我们》（Flesh and Machines: How Robots Will Change Us）等书的作者。

物质的未来

P. 阿特金
Peter Atkins

化学家是物质的魔术师。他们从泥土、空气和海洋"旋出"新的材料，产生也许在宇宙任何其他地方都不存在的物质形式。不过，跟魔术师不同的是，他们的活动是理性的；他们变幻的基础在于他们深入认识了原子如何联结、如何形成新的化合物。他们对物质的认识，给他们带来力量的认识，从18、19世纪的实验中涌现出来，然后在20世纪随着量子力学在化学的应用而成为定量的知识。在21世纪开始的时候，化学家完全把握了物质。

化学在两个方向上"旋转"，转出新的产品，也转出新的课题。过去50年转出的新产品都在我们的身边：使生命更长久，更愉快和使死亡更少痛苦的药物；使日常生活更活泼的纺织品和染料；使结构更轻更强，形态更新更奇妙的取代木材和钢铁的塑料和陶瓷；改变了社会的半导体和将再次改变世界的超导体；满足我们生活意愿的燃料。同时，化学也产生了新的课题，这些课题有着各自独立的名称，但本质还是化学的。材料科学是化学 —— 关于产生有特定力学、电学和磁学性质的新材料的化学；分子生物学也是化学 —— 这个20世纪的非凡产物和21世纪生物学和医学的基础，则是涉及与生命相关的可怕的复杂分子的化学；现代医学，除了砍、切、锯那些手术，也在运用着化学，过去的成功凭一点点运气，但现在越来越多地凭认识。跟物质的性质和转换打交道的任何事物，根本说来都是化学的，不论那物质是死的还是活的。

　　未来50年里，化学家将增强掌握原子并以新模式结合原子的能力。有三条路可走。一条是苦心经营经典的化学技术，例如各种复杂形式的搅拌、加热和混合 —— 它们从炼丹术涌现出来，在我们的实验室已经达到了很精细的程度。第二条是，跟碳的化合物打交道的有机化学家，已经总结了大量以特定形式结合原子的知识，这些知识无疑还会进入智能系统的领域。第三条是，化学合成策略将更多地通过计算机来设计，计算机能利用神经网络选择最佳的前进路线。当化学家想合成更复杂的结构 —— 不单是蛋白质和核酸，还有为了计算和数据存储的有机材料 —— 计算机辅助的化学将发挥越来越基本的作用。我们将在未来50年看到，计算机设计的合成路线将实现后代计算机所需的复杂材料。计算机肯定会变小。它们必然会及时地用当时可能的最小材料来做；就是说，它们一定用分子来做，因为比分子更小的东西不具备实现一定结构的复杂形式。所以，化学家将以他们制造不太复杂的分子的技艺来制造分子计算机。

　　有机化学源于化合物的研究。过去认为那些化合物只能从活的有机体构造出来。这种有机化合物只能天然形成的观点，在化学历史的初期就被推翻了；有机化学的非凡活力就是一个明证。结果，有机化学家看到了从头开始合成生命的希望。为做到这一点，他们需要合成DNA或者相当的分子数据存储系统，把它整个地装进人工受精卵（合子）系统。合子系统在合成膜的保护下，配备着为DNA复制提供能量的新陈代谢合成系统。起初，他们还用合成与天然成分的混合物——注入天然卵的一段人工DNA——不过，一个完整人工系统所需要的大多数组成物质，他们已经能够合成了，在未来50年里，他们将制造出大量可以存活的合成蛋白质。我不指望在50年里能从目前的有机化学一下子产生出真正的生命化学——关于活体生命及其性质的合成的化学。但在那段时间里，我们将看到工作蛋白质产物和很好的近似细胞膜的合成。到21世纪中叶，一个完全的合成生命的零碎都会出现，未来的事情是把它们组织起来。更长远看，没必要老是困在碳上，让硅和锗至少部分进入活体，产生一种全新生命的梦想，也可能成为现实。这些事情的成功，无疑（也理所当然）会引发深远的伦理学问题；不过任何成功的前景都离我们太远，我们暂时还不必为这些问题担心。

尽管有机化学摆脱了有机体是化合物的基本来源的观点，但有些分子还是太复杂了，确实只能由活的有机体产生。化学家将用生命来产生这样的材料，并为它们的产物有效地培育那些生命；所谓的"农业化学"将表现出新的意义。我们正在通过这种方式获取细菌，随着基因工程更加有效，它也会更加重要。当然，我们也没有理由不为更简单的分子（如汽车用的碳水化合物和石化工业的原产品）培育细菌或植物。在未来50年，当我们耗尽了存储的碳水化合物，不得不生产矿物燃料的代用品时，那些应用将变得举足轻重。

除了经典技术和微生物培养，合成的第三个方法将依赖于化学家对单个原子的操纵能力。我们已经可以随意将表面的原子转移到预先选定的位置，将来的分子可以由一个一个的原子构造出来。新生的个别结构可能抵抗不了空气或溶液里经常存在的巨大旋涡。很难想象这些技术能投入生产，但是工业正在变得越来越复杂，所以我们不能排斥这些特制的分子。

特制分子的概念魔幻般展现出一片广阔的纳米工艺和纳米技术的前景。化学无疑将促成小东西的制作，能做出我们现在不得不（实际也是）从大块物质切割下来的小东西。分子工程已经能生产单个分子大小的类似机械零件的东西了，而且这些器械的复杂性还会提高 —— 总有一天，化学家们可以用纳米工艺制造出工程师的所有随身零件，如齿轮、轴承、皮带、夹板等。最早传播纳米技术福音的人认为，化学家能用这些微观零件来构造宏观的机械。例如，一个装着分子制动圆盘的轮子在嵌着分子滚珠的分子轴上旋转。大多数这类想象都假定，原子的性质在很大程度上可以忽略或者任由我们来改造。这样，分子间的力可以减弱，也可以加强，结合的趋势可以忽略，等等。更可能的是，化学家将开发替代宏观机械的分子，它们将考虑而不会忽略组成原子的实际性质。一种诱人的可能是，细菌能通过基因工程"排泄出"整个齿轮、活塞和弹簧，甚至整台机器，排泄物不一定都是有机的，也包含其他成分。

现在，人们对利用碳和氮化硼的纳米管的工艺寄予了很高的希望（但没有多少成功）。为了产生直径为一个原子大小的绝缘线圈，原子弹簧已经融入了碳纳米管 —— 那样的线圈能促进计算机融入极端的纳米结构。我们尽可以期待，专门的计算机能微缩到一粒尘埃，能像浮尘那样喷洒。毕竟，蚂蚁的大脑不比它大多少，却也能表现令人惊奇的特殊行为。

　　碳纳米管在宏观结构（如吊桥和圆顶）中也可能发挥巨大作用。它们能产生与重量相当的强度。也许难以相信，以纯粹的碳纳米管支撑起来的、外面覆盖纯金刚石片的大地圆顶，有一天能成为保护我们躲避自己的生态罪孽的栖息地；成为让沙漠复苏的乐土；成为火星或行星际空间的根据地。未来的50年，也许正好是碳纳米管成为工业产品的时期。

　　然而，我们必须承认，未来50年可能不会出现对化学本身的新认识。这门学科已经高度成熟了，似乎不会再出现很多与它的基本原理相关的奇迹。这并不是说化学已经有了可靠的预言能力。20世纪末最大的惊奇之一是发现了富勒烯 —— 外形像足球一样的碳-60分子及其类似的东西[1]，包括碳纳米管 —— 尽管它们在预料之中，却没人把那预言当真过。理论化学惯于以量子理论和统计力学的方法来使观测更加合理，却不大擅长预言。于是，我们可以期待更多的惊奇，不过我们也可以相信，所有那些发现都将在我们现有的认识原则以内。

　　这不是说理论研究没有意义或者完全脱离实际。计算机在化学的应用已经很重要了，在未来50年里肯定会更加重要。当它们的知识基础更加强大，当化学家更多地利用神经网络来指导它们，当根据个别分子结构计算的总体性质更加可靠，计算机也将日益成为可以信赖的顾问。当前的主要应用是通过计算分子的性质、评估那些性质的潜

---

1. 富勒烯（fullerenes）是1985年由Curl, Kroto, Smalley偶然发现的（因此获1996年诺贝尔化学奖），因为具有完美的球形（竹笼）结构，跟建筑师Buckminster Fuller的短程线圆顶结构异曲同工，所以三个发现者就借Fuller的名字来命名它。它是当前国际化学、物理学和材料科学共同关心的热点。（富勒烯的故事，可以看 J. E. Baggott, Perfect Symmetry: The Accidental Discovery of Buckminsterfullerene 或《完美的对称》，李涛、曹志良译，《哲人石》丛书，上海科技教育出版社，1999。）

力，从而鉴别化合物的药理学行为。原则上讲，这种鉴别可以成年地缩短药物的开发时间。现在全世界都在进行那样的鉴别计算，它（像当前的地外智能探索那样）利用全球的联网计算机的间歇时间扫描可能具有药理学活性的分子。这类计算机应用无疑还会增长，特别是人类基因组计划的最终完成为它提供了大量的数据。

　　计算机会更多地应用于化学，指导其他化合物的合成，其中也包括催化剂 —— 它能不损自身地刺激特定反应以可观的速率进行。（在中文里，"催化"也有"媒"的意思，很好把握了它的实质。）催化剂是工业的荷尔蒙，离开了它们，化学工业也就不复存在了。多数石化工业的主要研究是发现和开发更高效、便宜、持久和更多选择性的催化剂。只要有化工产品的生产，就离不开催化剂的应用。早期的催化剂，如铁块或铂和铑制成的丝网，显然是非常简单的，但现在的催化剂正变得更复杂。在未来50年，化学家将开发固体催化剂和一系列能溶解在液体中、通过溶液发挥作用的新的均一催化剂。固体催化剂将更多地采用多微孔材料，它们充满了分子大小的迷宫似的孔洞、隧道和网格。多孔材料的好处是具有很大的表面积（它们几乎整体都是表面），对渗透它们的分子的类型和大小有高度的选择性。计算机正更多地用来发现这些材料的功能并重新设计它们。未来50年将涌现出合理设计和应用这些材料的潮流，大量新的廉价材料将从应用它们的工业中产生出来。

　　我到现在还没说化学活动的也许更传统的方面 —— 通过材料的分析来认识出现的物质。过去50年化学分析的进步几乎完全归功于三个方法的发展：首先是色谱法，它让物质以不同的速度通过细长管道；其次是质量光谱测定法，分子在其中分离，然后通过它们产生的碎片来推测原来的性质。这两个技术都很灵敏而且经常联合运用，当然还需要进一步的改进，以识别数量更小的材料。第三是分光镜的一整套技术，它监测不同类型的电磁辐射（红外线、可见光、紫外线、微波等）的吸收。在这些技术中，现在为止最有用的是核磁共振（NMR），它也是医学上有效应用的磁共振图像技术的基础[1]。

事实证明，NMR是化学工具中最具适应能力的。大约50年前，在技术发展的初期，它监测的是一个氢原子核在强磁场中掉转方向时吸收无线电波的情况。自那时起，随着相关的电子学日益复杂，我们能使整个氢原子群和其他类型的原子核群集体掉转方向，NMR技术也跟着成熟起来了。我想强调的是，这项技术在几十年里几乎是有机成长起来的，而且显现了未来50年复杂性的每一个增长的信号。它似乎达到了一个成功的高地，只有加入更多的复杂性才能把它重新激发起来。每多一点复杂性，化学家就能多吸取一点关于样品分子的信息；最近的主要成果是确定了蛋白质在接近自然栖息条件（细胞内部的液体环境）下的结构。那个技术的强大适应能力也许还能帮助我们制造量子计算机。谁能想象——也许在未来的某一天，当量子计算实现的时候，一台NMR光谱仪竟然也开始来思考它正在观测的分子！

化学不仅是关于组成的，也同样是关于结构的。化学家寻求通过分子的形态、大小和原子排列来认识它们的性质。这样，他们能将水的许多性质追溯到水分子是V型的事实；他们寻求通过蛋白质这些重

---

1. 2003年的诺贝尔医学或生理学奖授予了Paul C.Lauterbur和Peter Mansfield，表彰他们"关于磁共振图像的发现"。

要分子的螺旋、片段、扭曲和转折来认识它们的性质。当然，这里也存在着我们预期将在未来50年解决的理论和实验的问题。

当今吸引众多注意的一个理论问题是这样的：给定氨基酸的序列，它所形成的多肽链（即蛋白质分子的骨架链）在其自然环境下会呈现什么形态？这是分子生物学的一个关键问题，因为蛋白质分子的形态有效决定着它的功能。即使不考虑从组成追溯功能所获得的纯粹而非常有趣的知识，功能的确立也可以认为是人类基因组计划的一个基本组成部分。在这里，我们从DNA所编码的蛋白质出发，通过它们的组成和形态来追踪它们行使的功能，然后认识其中的信息。对这个所谓"蛋白质折叠问题"，一个解决方法是计算，不过需要强大的计算机来分析长长的多肽链可能产生并束缚在其中的扭曲结构。这个问题正在逐渐展开，在未来几十年可能占据大块的化学，吸引众多的化学家。如果多肽链没有为它要发挥的功能选择正确的形态，合成多肽链 —— 那是非常简单的事情 —— 就毫无意义了。

决定形态的实验问题，在很大程度上通过X射线衍射的引进而解决了。那个技术已经100年了。20世纪中叶，它因为确定了DNA和许多重要蛋白质（如溶菌酶、胰岛素和血色素）的结构而达到了今天那么神圣的地位。技术最新的发展在于极高强度的X射线源的应用，有望成为未来几十年发展的基础。那些射线来自同步加速器 —— 一种巨大的环形机器，约束其中的电子以很高的速度做圆周运动，在改变方向时发出X射线。同步加速器是国家级的大型设备，应用在世界各地的很多研究中心；它们产生的高强度X射线能使我们更快、更清晰地获得X射线衍射图样。我们将逐渐能确定溶液中的分子的结构，甚至观察正在发生的反应。

　　合成、分析和结构，是化学的三个主要组成部分，我们现在都讲过了。最后我们来说化学反应，即一种物质变成另一种物质的实际过程。最近，因为脉冲激光的应用，分光镜技术取得了新的进步，使化学家能检验飞秒（10^{-15}秒，一千万亿分之一秒）尺度的反应事件。在那样的时间尺度，飞行中的原子也几乎没有运动。迄今为止，只有极简单的反应经过那样小时标的检验，但是可以想象，技术的发展使我们能以这种方式去检验实际发生的反应，甚至那些酶催化的反应。这样，我们可以获得反应过程的一帧帧电影画面，注视那些处在邻近瞬间的原子和分子，最后使我们真正深入地认识在我们魔幻技术操纵下的物质是如何形成的。

阿特金（Peter Atkins）

　　阿特金（Peter Atkins）是牛津大学化学教授和林肯学院会员。他的研究领域是理论化学，特别是磁共振和分子的电磁性质。近年来，他几乎把所有时间都投入了写作，包括教科书：《普通化学》《物理化学》《无机化学》《分子量子力学》《量子》《物理化学概念》；普及读物：《分子》（*Molecules*）、《第二定律》（*The Second Law*）、《原子、电子和变化》（*Atoms, Electrons, and Change*）以及最近的《周期王国》（*The Periodic Kingdom*）。

我们会更聪明吗

R.C. 香克

Roger C.Schank

　　智慧是绝对的吗？人类会随时间流逝而变得更聪明吗？当然，这要看我们所说的智慧是什么意思。我们肯定在获得更多的知识，或者至少看起来是那样的。然而，尽管今天的普通小孩接触的知识远远超过了50年前的小孩，可还是有人呼吁，我们的孩子今天受的教育不如50年前了，学校令我们失望了。

　　今天，智慧意味着什么，受教育意味着什么，这些问题不是我们科学探索的核心问题，也不是普通话题的核心问题。不过，我们的生活却依赖于我们对智慧和教育的隐约认识。这些观念将在未来50年面临严峻的挑战。

　　大约10年前，我应邀参加《不列颠百科全书》编辑委员会。另一些委员多数是80多岁的老人和人文学者。因为我是科学家，又比他们每个人都年轻很多，所以我说的多数事情都会招来他们奇异的眼光。我问他们是否愿意做一部比现在大10倍而所需费用相同的百科全书？他们回答说不，现在的百科全书的信息量正合适。我说，如果他们真的那么想，不出10年就会失业。他们一点儿也不明白我的意思 —— 尽管我费力解释过所谓"www"来临了。在后来的一个会上，听了我对未来的同样主张后，20世纪40年代的一位文学大家法迪曼（Clifton Fadiman）回答说，"我想我们都不得不接受这样一个事实，我们所受教育的头脑将不如很快来掌管百科全书这样的机构了。"

那时的《不列颠百科全书》董事会主席是已故的阿德勒（Mortimer Adler），他还负责一套《西方世界经典》丛书[1]，现在还在整套地卖。这些书代表了世界智慧的伟大著作——至少阿德勒和他的同事们是这样想的——而包括在系列里的书几乎都是在20世纪以前写的。我问阿德勒是否认为还有些新书可以添加进来，他说大多数重要的思想都已经写出来了。

所有伟大的思想已经有人想过了，这个观点长期以来一直流行在教育和智慧的美式观念中。下面是哈佛学院1745年的入学条件：

> 凡能即席（*ex temporare*）阅读塔利或其他经典拉丁作者，[2] 能以本人能力（Suo Marte）写作纯正拉丁诗句和散文，能正确完成希腊语名词和动词所有词尾变化之学者，均可进入本学院；未达此条件者不得提出入学要求。

1.《西方世界经典》, *The Great Books of the Western World*, Encyclopaedia Britannica, Inc., Chicago, London, Toronto, 1952. 丛书共54卷，前3卷是一般介绍，后51卷收录自荷马以来3000年的70多位西方文化大师的著作。读者看看熟悉多少，又读过多少：Homer, Aeschylus, Sophocles, Euripides, Aristophanes, Herodotus, Thucydides, Plato, Aristotle, Hippocrates, Galen, Euclid, Archimedes, Apollonius, Nicomachus, Lucretius, Epictetus, Marcus Aurelius, Virgil, Plutarch, Tacitus, Ptolemy, Copernicus, Kepler, Plotinus, Augustine, Thomas Aquinas, Dante, Chaucer, Machiavelli, Hobbes, Rabelais, Montaigne, Shakespeare, Gilbert, Galileo, Harvey, Cervantes, Francis Bacon, Descartes, Spinoza, Milton, Pascal, Newton, Huygens, Locke, Berkeley, Hume, Swift, Sterne, Fielding, Montesquiei, Rousseau, Adam Smith, Gibbon, Kant, J. S. Mill, Boswell, Lavoisier, Fourier, Faraday, Hegel, Goethe, Melville, Darwin, Marx, Engels, Tolstoy, Dostoevsky, William James, Freud. 除了这些个人而外，还有一卷是美国的联邦党人文选。
2. 塔利（Tully）是西塞罗（Marcus Tullius Cicero, 106 B.C. — 43 B.C.）的英文名字。

　　经典丛书和 1745 年的哈佛的共同点是，它们在根本上假定人和人的制度的研究在古代已经被充分把握了，所以教育要求我们熟悉和精通前辈们的思想。在这个意义上，受过教育的人就是能渊博地谈论各种历史、哲学和文学问题的人。接受教育——从而获得智慧——在过去的一个世纪和更以前的时代，就是积累事实，学会寻章摘句，学会引经据典。教育意味着知识的积累，智慧在大众的想象中也往往只不过意味着能展示积累的东西。

　　但是，假如知识从四面墙壁涌来，会发生什么呢？

　　未来 50 年中，知识是很容易获得的，只要你能大声地说出想知道的东西，四面的墙壁就能有回应——当然，那墙壁的背后藏着好多的技术。如果一时忘了弗洛伊德关于"超我"都说过什么，那也不要紧，你可以就近找一台机器，问它弗洛伊德说过什么，然后听弗洛伊德（或某个看起来和听起来很像他的人）说，还能找到五个观点相反的大人物，随时准备提出他们的观点——假如你愿意和他们一起讨论的话。

　　但是，智慧是获得问题答案的能力还是学会提出问题的能力？当答案失去了意义，问题就更显得重要。我们在依赖答案的社会生活得太久了。那迹象随处可见：人们看的电视节目，如《危险》（ *Jeopardy* ）[1] 和《谁想当百万富翁？》；玩的游戏，如"追问到底"（ Trivial Pursuit ）；而在多数学校，答案更是统治着一切。于是，我们

---

1. Jeopardy（杰帕迪）是美国一个很有名的智力竞赛电视节目，已经搞了很多年，来自全国各地的许多聪明人都会到这个节目中来较量。

的学校越来越只关心考试。学校成了学习答案而不是学会提问的地方。

新技术会改变这一切。计算器出现的时候，人们问是不是还可以用它来数学考试，因为从今往后这种东西总能得到。结果，数学考试开始关注比长除法更实在的问题。人工智能进入日常生活会带来同样的结果。当机器无处不在并能回答与我们有关的任何问题，我们就失去了过去做实际的知识仓库的价值。过去人们认为城里最有学问的人有知识去影响别人，而其余的人被迫老老实实地听他们的话，建立在这个基础上的旧的教育观念，将被新的知识获取观念所代替。知识将不再被看作我们需要的日用品。社会中任何得来容易的东西都会贬值，知识也不例外。

真正有价值的应该是好的问题。我们会听到人们说，计算机只能带你走这么远。

想象一下，你坐在客厅里跟朋友说话，吵了起来。你面对墙壁等待回答，你想知道谁是对的，墙壁告诉你，有很多虚拟的人可以加入你们的谈话。你选择了几个你听说过的或者以前跟你谈过话的人。接着，一场谈话就开始了。最后，计算机收集的知识到了极限的尽头，墙壁也不知道更多的东西。你惊叹道，"真是一个有趣的问题！"知道一个好问题，你就能和对同样问题感兴趣的人一起讨论。你把问题告诉墙壁，那些同样兴趣的人 —— 那些和你一样超越了软件的人们 —— 会突然（虚拟地）降临你的客厅。在可能发生这样的事情的世界里，受教育是什么意思？有智慧是什么意思？

要考虑教育的问题，人们不得不问问那个世界的小孩的生活会是什么样的。未来50年里，我们所了解的那种学校将因为失去意义而萎缩。虚拟的经历就在身边，世界上最好的老师随时可以来，为什么还去学校学那些事实呢？教育将意味着，从两岁开始就在智慧——能回答问题并能提出新问题——指导下探索有意义的世界。一个个新的天地将向着好奇的孩子敞开。在这样的社会，教育关心的是你走进了什么样的虚拟（后来成为现实）的世界，在那些世界学会了多少事情。

对法迪曼上面的那句话，我的回答是，人们的头脑不会没有好的教育，而是会有不同的教育。在法迪曼的世界里，有教养的人就是那些在哈佛之类的学校受过训练的熟悉西方思想主要观点的人。他的教育观当然不包括能用JAVA编程序或者了解神经科学的基本概念。未来50年里还会有哈佛，但是它的入学要求的价值将发生巨大的改变。

在最深层的意义上，教育总是更多地关心"行"，而不是"知"。几千年来，许多学者都指出过这一点：亚里士多德（"对那些只有在学过以后才能做的事情，我们通过做来学"）、伽利略（"你不可能教人任何事情，而只能帮助他自己去发现"）、尼尔（"听了就忘；看见的还记得；做了才理解"）、爱因斯坦（"知识的唯一源泉是经验"）。不过，学校把这些教导都忘了，而是选择了——借杜威（John Dewey）的话说——"通过灌输来教"。[1]

---

1. 尼尔（Alexander Sutherland Neil, 1883—1972）是英国教育家，主张儿童是自由的，一切纪律、道德的训练都应该放弃；杜威（1859—1952）是有名的实用主义哲学家，他主张教育即生活，应该"从做中学"。

新生的虚拟学校将取代现在的那些学校，吸引更多的学生，倒不是因为他们有什么承诺，而是因为它们能提供很多经验。因为那些经验是现成的，时刻等着好学的人，多数学生远不到18岁就可以开始读大学了。在不同虚拟经历上的成功将激励我们去迎接新的历险，很像我们今天的电脑游戏。资格审查部门会更加关注你能做什么 —— 你得过哪些虚拟的荣誉奖章 —— 而不在乎你学过哪些课程。

人们将努力创造经验。将来，世界各地的物理学家不会在哈佛或哥伦比亚那样的大学开物理课，他们会和虚拟教育世界的设计者们一道开发能产生物理经验的软件。这些经验向每一个人开放。过去，学校通过考试来检验学生对课程的学习情况，人们于是认为，最聪明的学生就是那些在学校考试中得分最高的，这个观点要变了 —— 最聪明的学生是那些为软件提出了需要大家来解答的问题的人。智慧将意味着达到学习经验的极限的能力。

我们的社会在总体上会因为这些新发现而更聪明吗？从自然的思维能力看，人们现在与过去或者将来是一样聪明的。不过，一个卓越的穴居者，对世界只有那么一点儿知识，多年来只得到那么有限的智慧，他只能用熟悉的工具劳作。他本可以跟后来的古希腊人一样很好地理解人类的本性，本可以跟后来的古希腊人一样地充满智慧，但在任何绝对的意义上说，他都不够聪明，因为他有太多没有经历过的事情。

当然，我们也可以这样来看古希腊人。亚里士多德是杰出的，因为他处理过我们今天还在处理的问题，而且他对那些问题有过很好的见识。不过，他在处理他毫无经验的问题时也几乎是天真可笑的 —— 而我们对那些问题却有着多得多的经验。每一代人都在为下一代改进那些经验，但在下一代却可能出现飞跃。50年后的人可能会笑话我们今天还有老师、课堂和书本。他们可能问我们为什么经历那么长的时间才改变了教育观念，为什么会把SAT分数看得那么重[1]，为什么会在任何情况下都把记住答案作为智慧的标志。18世纪大胆提出的教育是关于国家教化的观念，今天似乎没有人赞同了，将来更显得可怕。政府对知识的控制 —— 在有的国家还很普遍，在没有计算机的国家也可能还存在 —— 将一去不复返了。知识到处都有，而且那么容易获得，没有人能够阻挠任何人去经历任何事情。政府将不得不抛弃像今天这样统治教育的幻想，他们将无力控制四面八方的虚拟世界，就像今天想控制电视和电脑的国家都一个接着一个地失败了。

我们开始懂得，在未来50年，个人的经验和拓展经验的能力是智慧的最终测度，也是自由的最终表现。创造虚拟经验将成为重要产业。我们的家将被虚拟经验占领，我们的学校将被虚拟经验取代。我们今天在电脑游戏和科幻电影看到的将成为我们未来的现实。今天，像"无尽的任务"（everquest）那样的游戏吸引着成千上万的玩家，他们在虚拟的世界里去争取地位，建立社会关系，获得各种虚拟的东西。游戏对参与者来说是那么真实，他们需要的那些虚拟的东西竟可以通过e-Bay来买卖（价格很高的）。很多玩家的社会生活也完全建立在那些游戏的基础上。将来，这些世界会变得更复杂，与真实世界交织得更紧密。

---

1. SAT = Scholastic Aptitude Test，美国的学术智能测试。

　　我们真的可以在任何时候到任何我们想去的任何地方，而任何人想问我们的问题总是我们去过什么地方，在那儿有过什么经历。我们将寻找那些在虚拟的世界里比我们更有经验的人。我们将理解，尚未回答的问题和能以批评的眼光来审视那些问题的人，才是真正测度一切智慧的决定性因素。当然，最后这一点在今天的大学里已经普遍认识了，但还没有在商业和政府中得到真正理解。政治家需要单纯的观点，老师需要正确的答案，商人需要解决的办法，冒险的资本家需要利润，媒体需要本国的肥皂剧，认证机构需要考试的分数。在那样的社会里被认为聪明的人是那些为社会提供了所需要的东西的人。从这样的供求观点看智慧和知识，恐怕法迪曼也会觉得被遗忘了。不过他和他的那一代人还能守住自己，超越那一切，继续谈论那些伟大的经典。

　　我曾应邀考察过一些技术学院，看他们是如何教育的。在一个厨师班上，每个学生有一套自己的厨具，正忙着做吃的。我只能说，我说不出什么有意思的话。学校通过让学生做来教他们做。在技术院校，这算不得多激进的观点，但在更高等的院校，它似乎真的很激进。当做事情的工具越来越多时，做才是重要的。在我工作的卡耐基梅隆，新学生一走进校园就必须把自己的计算机装配起来，未来的四年就用那台机子。可以相信，一旦他们为自己做了一台计算机，他们就会认识机器是怎么工作的。

　　在以现实行为环境为基础的教育体制下，重要的不是我们知道什么，而是我们能做什么。未来关于智慧的主要问题，将围绕着虚拟教育世界中学生相互作用的本质问题而展开。

　　当教育的环境需要问题、询问如何获得问题、需要知道提出那些问题的经验时，那么计算机带来的深刻变革就实现了。从我们不再畏惧新的经历这一点说，我们都会更聪明 —— 聪明得多。我们将知道如何发现那些经验，我们将从那些经验里成长起来。我们的头脑将经历不同的教育，统治我们智力社会的既不是人文学者，也不是科学家，而是有经验的人 —— 那些生在那个世界并因此而好奇的人。

香克（Roger C.Schank）

　　香克（Roger C.Schank）是一流的人工智能专家，认知人文项目负责人，卡耐基梅隆计算机学院杰出教授。曾任西北大学学习科学研究所所长，是那里的荣誉教授。他的书包括：《动态记忆：在计算机和人群中学习的理论》（*Dynamic Memory: A Theory of Learning in Computers and People*）、《给我讲一个故事：真实和人工记忆新视点》（*Tell Me a Story: A New Look at Real and Artificial Memory*）、《专家心理指南》（*The Connoiseur's Guide to Mind*）、《虚拟学习：培养高技能劳力的革命性新途径》（*Virtual Learning: A Revolutionary Approach to Building a Highly Skilled Workforce*）、《线条外的颜色：打破一切规矩，培养聪明孩子》（*Coloring Outside the Lines: Raising a Smart Kid by Breaking All the Rules*）、《设计世界E学习课堂》（*Designing World Class E-Learning*）。

复杂性的顶点   J. 拉尼尔

Jaron Lanier

　　计算技术流行的第一个50年，大体上跨越了20世纪的后一半。这是忘形的夸张与沮丧的失落疯狂交替的50年。夸张来自计算机的创立者们：图灵想知道，机器，特别是他那抽象的"万能机器"，能否最终成为在精神上与人同等的东西；香农（Claude Shannon）以同样的激情把"信息"定义为具有最广大的范围、囊括了一切热力学过程的东西。

　　我们同样可以说，因为所有生命都是化学相互作用构成的，所以任何化学仪器都可以作为人的某种原生的形式。我们没有那样说，因为生命物质的化学复杂性与可以在当代化学实验室里研究的复杂性之间存在着显然的差别。我们可以直观感觉这种差别。反过来，我们却不能直觉地分辨不同信息系统之间的复杂性的差别。一个说自己在研究"人工智能"的严肃的知识群体，早在20世纪50年代的时候，就相信计算机很快能流利地说自然的语言。当然，这在今天还没有发生，而且我们仍然感觉不出理解自然语言到底是多大的问题，需要多长的时间才能解决。

　　夸张还在继续着。在计算机科学部门里，甚至总能找到那样的一群精英，他们相信在未来的50年必然会出现一个"奇点"。奇点出现的时候，计算机已经聪明绝顶、威力无穷了，它不但取代了作为占统治地位的生命形式的人，还主宰了物质和能量。它像神或上帝那样存在，完全超越了人的概念。上面这些句子，我写起来都觉得奇怪，却是我的许多同事的想法的真实写照。

有些读者会注意到我因为同样夸大了"虚拟现实"而受到了批评。[1] 不过常常被误会的是，虚拟现实的目标不是彻底描述或再现物理现实（那几乎是不可能的妄想），而是充分理解人类的认知，把人的神经系统投入到幻想的进化游戏。虚拟现实在本质上是关于舞台魔术的极限的研究，而不是关于约化物理现实的研究。

当人们在理论上堂吉诃德式地夸耀计算机的力量时，真实的信息系统的表现却一个接着一个地令人惭愧和失望。计算机是唯一注定会在正常运行中经常发生意外事故的工业产品。维护信息系统的费用几乎总是被低估了，甚至可以说这是现代商务的惯例。

具体说来，正是软件这个东西，我们不可能照预计的价格来控制它，不过那只是一定类型的软件。硬件会以摩尔定律的指数形式变得更小，更快，更便宜。正是这么飞速的进步点燃了狂热夸张的激情。封闭系统的软件，有着小巧而且可以固定下来的不变的界面，也能做得很可靠，但不会很便宜。这类软件的一个例子是驱动现代飞机（如

---

1. 作者在1989年第一个提出了"虚拟现实"（Virtual Reality）的名词（尽管相关研究在20世纪60年代就有了）。关于VR，可以参考一本《虚拟现实的形而上学》: Michael Heim, *The Metaphysics of Virtual Reality* (New York: Oxford University Press, 1993)

空中客车）的密码。那类我们似乎还不能控制的软件，有着复杂而且随周围环境改变的界面，例子是个人计算机软件，都知道那是很难控制的。重要的是不要混淆这两类软件。20世纪末广泛流行着一种奇怪的妄想，说千年虫（Y2K bugs）会产生大规模的破坏。破坏没有发生，原因是多数基础软件都是可以控制的，虽然代价很高。

未来50年里，计算机科学中的这两种趋势 —— 能力的夸大和代价的低估 —— 可能还会继续下去。这种景象大概可以叫"帮助台的行星"，生在其中的人们将费巨大的力气来维护十分庞大的软件系统。[1]这个景象倒不是一点儿吸引力也没有，因为它能让人的力量得到充分的发挥。暗淡的未来是逃避不了的，不过我们还是值得想象一个可能带来崭新东西的计算机科学的新时期。

首先，计算机科学必须回到起点，重新考虑信息与物理过程的关系。香农破天荒地将可以测度的信息量与物理系统的熵联系起来，但这个孤立的公式容易使人误解。实际上，并不是所有信息量都能测度，因为有些信息会比其他信息更重要。物理系统中多数有可能被测度的信息量实际上都在统计分布的海洋中丢失了。20世纪后期有个流行的比喻说，蝴蝶轻轻抖动一下翅膀，几个星期以后也许能在地球的另一端引发大风暴。与这种观念相关的一个问题是，即使它偶尔是对的，也

---

1. 作者在另一篇文章里的话更清楚地说明了这一点："丰满的软件的关键在于它开发利用了多少东西。假如摩尔定律在未来二三十年还成立，那么不仅在我们的行星地球会出现大量计算，计算的维护还将费尽几乎每个人的努力。这样，我们面对着一个'帮助台的行星'。"—— 我们甚至可以将整个地球当作一个巨大的帮助台，地球上的每一个人都是需要帮助的。

没有那么多风暴来回应那么多的蝴蝶。[1] 我们也许可以说可测的信息有着不同的"因势"[2]。香农的信息大概应该重新命名为"势信息"。如果一个信息单元很重要 —— 就是说，它有很高的因势 —— 就一定要研究它；它必然是系统的关键部分。这产生了有时被称作"语义学"的东西，也就是计算能在其中显出意义的那个环境。

在计算机科学里也总是存在一个观测者的问题（只是偶尔被承认）。为了表述这个问题，一种办法是考虑某个对人类语言、历史和文化一无所知的异类生命。那些异类不可能漂浮在星际空间编一本莎士比亚戏剧，同样也不可能可靠地重构一台孤立的个人电脑的意义和功能。

这不是遥远的理论问题，而是急迫的实际问题。由于当前人类工程师具体分析和控制软件的能力限制了软件的复杂性，可以说，我们已经达到了我们所知软件的复杂性的顶点。如果不寻求新的软件思想和设计途径，那么，不论处理器变得有多快、多丰富、多奇特，我们也写不出超过千万行代码的程序。

在20世纪中叶计算机科学的黎明，我们唯一的直观感觉的信息经验是通过线路来发送脉冲。早期形式的信息论 —— 在标准课程里至今仍然占着统治地位 —— 关心的是线路末端世界的一个个采样点。

---

1. 混沌学的先驱者、气象学家洛伦兹在1963年向纽约科学院报告说，"海鸥拍打翅膀就可能永远改变气候的过程"。1972年12月在美国科学促进会（AAAS）讲话时，他的题目更有诗意了："可预测性：一只蝴蝶在巴西拍动一下翅膀能否在得克萨斯引发龙卷风？"蝴蝶效应说的是系统演化对初始条件的敏感性，是我们最早发现的混沌特征。
2. Causal potential 大概指一个原因引发结果的潜在力量。这里试译作"因势"，可以与数学物理中的各种势函数发生联想，实际上它们都是一样的意思。

于是，如我们所知，计算机的结构设计就围绕着这些模拟线路。源代码是对脉冲的模拟，它可以像传递的变量或者消息那样连续地向线路发送出去。

为了让一根线上的脉冲有意义，需要一个协议来根据信号的顺序为它赋予某种意义。计算机科学的前半个世纪几乎就是在这样的协议激发下走过的。当然有成功的，如开通互联网的协议。但这不是自然系统的工作方式。虽然在理论上我们可以用20世纪的算术协议来解释视觉皮层从光学神经接收到信号以后的行为，但这种做法会在我们完全不可能把握的尺度上涉及巨大的复杂性。显然，协议的遵守并不能有效解释同时接收大量输入信号的系统，而且可能也不足以设计庞大的系统。如果我们以一个能在多点取样的面来替代线的概念，那么我们必须脱离算术协议而走进一套新的技术，包括模式的分类、绝对确定的预测模型的自动维护。

当前的一个实际问题可以说明这一点：我多年来和外科医生一起做模拟模型，以帮助他们为特定的病人制定医疗方案。以今天的标准看，模型很复杂。为了保证它们有用，每一个模型都由有多年经验的专家群体建立和维护，而且都必须经过几千个病人的检验。

现在，假定某医学院的一个小组用10年的时间做出了绝妙的虚拟心脏，显示了良好的手术应用前景。同时，在另一个学院，一个类似的小组用10年时间研究了虚拟肺。我们假定，两个小组愿意把他们的成果结合在一个虚拟的胸腔里。

两个小组几乎肯定会运用互不相容的协议。他们不但可能选择不同的基本机器、操作系统、执行语言等，还可能走不同的概念路线。也许一个小组强调维护整体的、自上而下的约束，而另一个小组喜欢自下而上的组织法则；一个小组可能强调对象的语义学，另一个小组则试图逼近一个连续的系统。在当前的技术水平下，两个小组可以就能在它们之间传达的线路信号达成一个协议。这样的协议是有问题的。在这种情形，复杂性也许只能起着某种抑制作用。几年后我们会明白的。目前正在努力。如果可能有器官之间的协议，那么达成一个协议就等于被迫在器官模拟技术上做一次可悲的交易。一个工作协议几乎肯定会损害我们改进任何相关组成器官模拟的前景。

为了理解为什么会这样，我们需要深入信息系统遗留的问题。最能刻画我们时下软件的形容词是"脆弱"，崩溃了也不会屈服。这是过分遵守协议的结果，那原本是一个不可原谅的要求。因为这些根本的脆弱性，软件是一层层搭建起的，为了发掘那些已经为众多用户以不同方式所依赖的协议，还不知道有多复杂，需要花多少钱。于是我们有了"锁定"现象：有些软件实际上成了强制性的。锁定现象被20世纪末的软件销售者们操纵着，为他们带来了有史以来最大的财富。

除了锁定，软件还有更令人讨厌的特征，我称它为"沉淀"。在软件沉淀的过程中，协议连同嵌在协议里的思想都成了强制性的。文件的思想就是一个例子。大约1984年前，人们还在争论文件是不是好办法。有些计算机科学家觉得共享的信息最好能有细粒化的结构——也就是一个由字母似的基本小单元构成的单独的整体文件。实际上，

第一代国际版的Macintosh[1]计算机并没有使用文件。可是，发行版的
Macintosh有了文件，而且Windows、Unix和其他几种广泛应用的系
统也都有了文件。现在我们将文件作为像光子一样基本的严峻现实告
诉学生，尽管它们是人类发明的。

回头来看虚拟的心和肺。一旦两个工程小组达成了协议，那协议
就成为他们的主人，因为他们不得不同时改变自己来修正它；那是一
个复杂而昂贵的任务，实际上是不可能的。不论协议达成的时候流行
什么样的关于器官联络的思想，它都会"沉淀"下来。思想也就停止了。

因此，未来50年计算机科学的一个美好愿望是为大系统的组成
寻求一种新的联络方法，以取代对协议的依赖。在心和肺的情形，那
种方法已经隐约显露出来了。

我们设想，每个器官都认为另一个是真实的血肉器官，连接着一
个真实的传感器；每个器官可以测量另一个器官里的基本性质，如温
度、压力和在时间和空间的某个点的化学组成；每个器官在另一个器
官看来都是一个能在不同程度采集样本的表面，但器官之间不存在更
高级的参数交流；除了可能的物理测量确定的那些低级协议而外，没
有别的协议。

为了实现这个计划，每个小组都需要学会识别另一个小组模拟的
模式。心脏不再能发送心跳的消息；它只能由肺通过诸如流体运动和

---

1. Macintosh是美国苹果公司1984年推出的个人计算机，名称来自加拿大John McIntosh在1796
年培植的一种红苹果。所以机器的名称实际上就是"红苹果"。

组织位移等过程来推测。每个小组还需要学会建立另一个器官的模型，以帮助解释测量结果。这些模型也许不能作为独立、分离的结构而存在，但可能隐含在所选择的信号过程的方法中，而且几乎肯定能在运用中进行自我调节。

这种模型的建立大概可以叫做"统计表面联结"。假如它对器官模拟有用，对一般的计算机结构也可能有用。也许将来会有某种操作系统，其组成部分能相互识别，解释甚至预测。这样的系统不容易产生灾难性的崩溃。现在还无法知道这种计划能运行多好，不过，假如计算机要超过我们今天知道如何把握的尺寸，很可能需要采纳某些统计联结。

在目前的情况下，我们一贯把信息系统的描述（协议的遵守）看得非常乏味和低下，而且高傲地以纯理论的眼光来俯瞰复杂性。但是我们缺乏一个中间的视点——通过巨大组成部分之间的关系来形式地理解系统的复杂性。如果我们能以外科医生的观点将人体模拟为一张信息表面图，这样的技术有可能推广到认识生命系统的其他问题吗？

因为我们对信息结构的相对尺度没有直观的概念，所以计算机成果与自然结果的比较，走过了一段艰难的时间。专业和普及的出版物都在连篇宣扬人的计算能力很快就要赶上自然的复杂性了。例如，它们反复宣称计算机将最终认识人的情感和语言，计算机能在复杂的生命与我们只学会了编目的简单 DNA 序列之间搭起沟通的桥梁。

为了刻画我们在这个问题上的无知的本质，可以提出这样的问题：自然进化是一个笨拙、缓慢、低效的过程，还是某个像自然组装的超级计算机的结果？——在某些情况下，那个超级计算机甚至能在量子水平上运行，它能自我优化，从而在几乎最可能短的时间里产生具有不可约减的复杂性的结果。这两种情形是所有可能现实的两个极端。真实的情况我们还不知道，也许界于二者之间。我个人倾向于第二种：进化在完成不可约减的艰难使命时可能是非常高效的。[1] 不过，大多数当代关于科学与技术未来的对话却似乎接受了另一个极端——再经过三五十年摩尔定律的魔力，我们的计算机就超越自然了。

在线路和协议局限下的20世纪中叶的计算机科学支配着计算和生命系统的文化隐喻。例如，博尔赫斯（Jorge Luis Borges）描绘了一个幻想的图书馆，能囊括所有已经写了和将来可能写的图书。[2] 假如你有幸正好生活在一个能装得下它的宇宙（我们不是），那么你需要在星际飞船上耗尽无数代人的生命才能到达存放你需要的那本书的地方。学会以传统方式来写好一本新书要简单得多。道金斯也想象过类似的无限的所有可能动物的图书馆。他想象那只看不见的盲目进化的手在轻轻抚过那个图书馆，为每一个生态小环境寻找最合适的动物。[3] 两种情形，作者都沾染了20世纪那不充分的计算机科学的隐喻。新的

---

1. Michael Behe 在 *Darwin's Black Box – The Biochemical Challenge to Evolution* – Free Press, 1996（《达尔文的黑匣子：生化理论对进化论的挑战》，刑锡范等译，中央编译出版社，1998）中以生命系统的"不可约减的复杂性（irreducible complexity）"来证明达尔文的进化论到头了。

2. 博尔赫斯（1899—1986）生长在阿根廷，是"影响欧美的第一位拉丁美洲作家"，其作品近年也在中国流行。他说"天堂应该是图书馆的模样"。他在《通天塔图书馆》里描绘了一个"宇宙"，"别人管它叫图书馆，由许多六角形的回廊组成，数目不能确定，也许是无限的……"小说最后说，"图书馆是无限的，周而复始的。假如一个永恒的旅人从任何方向穿过去，几个世纪后他将发现同样的书会以同样的无序重复着，重复后便成了有序：宇宙的秩序"。

3. 道金斯（Richard Dawkins）在《自私的基因》（卢允中、张岱云译，吉林人民出版社，1999）中提出，选择的基本层次是独立的各个基因，而作为个体的人，最好被理解为"生存机器"，或者是为了它们自己的繁衍而在一起运作的基因的聚合体。

计算机科学尚未建立，不过我们至少可以猜想一下它可能的样子。

　　新的计算机和信息科学将包容一个遗留[1]系统的理论。复杂因果系统的空间构形太大了，不能理解为无限的图书馆，因为永远也不可能有足够的时间和精力来有效地浏览它们。例如，考夫曼喜欢宣扬我们的宇宙还不够老，不足以探索所有可能的（哪怕是非常小的）蛋白质。所以，复杂系统积聚着太多遗留的东西，限制了进一步的构形空间的找寻。我们必须学会丢掉我们能克服遗留的幻想。当老练的技术专家们提出给人类的新陈代谢或大脑结构添加基本元素的时候（确实有许多这样的建议），正是那些幻想在起作用。

　　还有一点值得我们思考的是："遗留"和"语义"是不是一样的东西？"语义"描述的是以协议为基础的系统的语法壁垒特征以外的任何神秘事物。例如，人们总说自然语言系统是在发展中的，然而缺乏对语义的理解。遗留系统在信息系统中产生一个永恒不变的语言环境。遗留系统是复杂的。在减小系统的构形空间中，它们起着透镜的作用，增强了信息量的因势。

　　如果在大街上陌生人拦住你问有没有火柴，你说"有"，不会有什么麻烦；同样的话在婚礼上说后果就不同了 —— 至少一般是这样。婚礼是祖宗留下的东西，积淀着不可能轻松抹去的历史。同样，DNA只有在胚胎环境下才可能有意义；我们前面说的思想实验中的聪明的异类，肯定不可能从一段孤立的 DNA 片段获得足够的信息来重新创

1.遗留（legacy）指的是长期使用的计算机系统所建立起来的服务和功能，如果新的客户想以新的系统来取代它，费用会很高。遗留（或既有、保留）系统往往成为开发新系统的阻碍。

造生命。

　　新的计算机科学也许会吸收一种粗粒化的方式，把自然系统作为信息系统来认识 —— 这种方式超越了香农提出的细粒化的例子。人们常说，20世纪末，我们的物理学知识足以解释所有发生在生命系统里的孤立事件（例如化学键），所以我们现在才必须进一步去认识复杂系统。这话好说却难做。我们需要学会根据因势来解析自然系统。任何时候，特别是在生命系统的情形，只有很小部分的系统物质和能量能对那个系统的未来产生重大影响。即使那样，影响的程度也有区别：例如，与比皮肤表层或者身体其他任何部位的细胞的微小改变相比，同样微小的大脑皮层的改变有着更大的意义。

　　考夫曼提出，生命可以定义为既自我复制又做卡诺循环（把能量转化为功的经典模型）的过程。这至少指出了一条可能的分析自然系统的途径。每个卡诺循环都关联着某种类型的调节器，即系统中负责重新启动循环的部分。这些调节器比循环中的其他部分有着更大的因势，就是说，调节器的微小改变比同一系统其他东西的改变更可能导致系统的崩溃。这种分析方法能否用来将自然系统粗粒化地理解为信息系统，现在还不清楚，不过应该能发现某种方法。

　　如果我们发现了正规而且通用的粗粒化方法来把物理系统解析为因果的信息结构，我们可能获得一种同时包含了计算和能量部分的复杂性的测度。例如我们可以问，一个系统探测自身内部的因果结构需要多少费用，因为这种因果链的环节是可以物化的。我们有过简单自然系统的粗粒化解释的经验，它也许能帮助我们去模拟自然进化的遗留。在未来50年，假如幸运的话，我们大概不但能描写DNA是如何工作的，出现的是什么DNA（这正是我们刚刚开始做的），而且还能有办法描绘约束DNA改变的中间层次的复杂性。总的说来，我们也许能在一定程度上学会以进化的观点而不是分子或生命的观点来认识我们的世界。

50年后，生物学和医学可能会变得有点儿像我们今天看到的地理学。大多数研究领域将被开拓出来，神秘的地方将越来越少。可惜的是，单画地图只能很有限地促进两地间的旅行。同样，能解释今天的生物学有哪些奥秘，并不等于我们就能自动地控制它们。相反，我们很可能发现哪些生物学方面的复杂性是不可能约减的。进化经历那么长的时间才达到一定的构形可能是有原因的，而我们也许会发现并不存在什么捷径。这可能就是信息科学前缘的一个遥远和最后的港湾。在从经济到农业的大量探索中，我们将被困在复杂性的顶点下——制造更大更快的计算机也未必能打破这道壁垒。我们开始意识到，复杂性的顶点是对我们能力的最真实的约束。我们现在还不知道它们在哪儿，不过50年后会知道的。

拉尼尔（Jaron Lanier）

拉尼尔（Jaron Lanier）是计算机科学家和音乐家，最有名的是他在虚拟现实中的工作。他是"国家远程沉浸行动"[1]（一个研究下一代互联网技术开发和应用的大学团体）的主要科学家。

1.远程沉浸（tele-immersion，或译远距离兼容、远距实境等）就是让不同地方的电脑用户能同时在一个虚拟的环境下协同工作，就像沉浸在同一个生活空间。这个名词是伊利诺州大学芝加哥分校电子可视化实验室EVL（Electronic Visualization Laboratory）在1996年提出来的。

流动的信息

D. 格冷特

David Gelernter

　　未来50年的计算机技术会发生什么事情？半个世纪以后我们会在什么地方？今天，信息在线上流动；不久，"伟大的理性化"就要开始。跟其他所有的技术产业（如铁路、汽车、广播、电视）一样，信息产业也会树立新的标准形式。这些形式不会跟我们今天的商务软件的应用发生关系。重要的在于信息本身是如何排列的；问题不在网页浏览器的标准，而在网站的标准。（网本身会落伍，而基本的思想还在。）

　　信息的标准形态将表现为我所谓的信息束。信息束跟书一样重要。它不会取代书，而将为虚拟世界提供一个同样强健、坚固而简单的结构。它将重新塑造我们的文化生活。今天我们大约80％的工夫在关心形式（以不同的方式），20％在考虑内容。50年后，这个比例将颠倒过来。

　　最重要的信息是刚从网络传来的实时的信息 —— 它告诉我们在哪个时刻、在什么地方正发生着什么事情。今天，"什么地方"指地球上的某个地方 —— 如办公室、学校、参议院、市中心。不久以后，它将意味着虚拟空间的某个地方。连绵的无处不在的虚拟世界将取代今天断续的混沌的互联网络。例如，纽约的股票交易正在从地球的空间向着虚拟的空间转移；在未来的半个世纪里，几乎所有其他机构都会跟着转移进来。（这是我1991年在《镜像世界》中第一次提出的，现在仍然坚持。）不必从床上爬起来，不必离开舒适的椅子，不论在办公室、在学校、在商场还是在你喜欢的世界，你都能与正在进行着的生活发生联系。但你也一定会走出来看看。实际上，为了适应这种新的文化形势，自然和社会的景象都将焕然一新。

在勾画这些巨变之前，我们先来看看指引它们的一些自然法则。

1）在技术世界里，软件（而不是硬件）决定着技术的状态和变化的步伐。技术进步的速度不依赖于我们发明的网络（或计算的蛋白质等）。它依赖于我们设计的软件结构。假如你设计了一种新的编排信息的方法，一种新的软件结构，支持它的硬件也最终会开发出来；假如你开发了强力的新硬件，它本身是一点儿用也没有的。十秒钟以前，我的秘书拿着一本关于计算机未来的新书走进来，要我写几句夸奖的话。它跟绝大多数这类图书一样，也是谈硬件的。关于未来软件的书几乎没有。看来，没人知道软件的未来。

考虑未来半个世纪的技术会是什么样子，我们很容易想到飞快的网络、分子和光学的计算机、新的数据传输媒介以及其他的硬件奇迹。它们是重要的，令人惊奇的，然而它们本身却跟我们不相干。半个世纪以后的技术状态依赖于我们发明的软件。

看几个相关的例子：20世纪80年代中叶以来，计算机硬件在以惊人的速度飞速向前。可结果呢？在计算方面我们比1985年到底好了多少呢？我们黄油加面包地同计算机打交道，跟16年前几乎是一样的。2001年的文字处理器并不比1985年的模型好；它耗尽千百倍的储存和计算能力，却没做任何跟以前不同的事情（不管怎么说，没做什么重要的事情）。我们的数据表基本是一样的，我们的电子邮件也是一样的——用的人多了，但邮件本身还跟1985年的一样。我们的台式电脑、文件系统、图形用户界面（如果有Mac' 85）——一切都还是它们15年前的样子。计算机给我们的生活品质带来的唯一巨大变化是网络，但网络是软件而不是硬件产生的。

今天，软件停滞了；于是技术产业也停滞了。硬件革命不值钱了。为了摆脱停滞，我们需要软件的革命——我敢打赌，我们会有一个那样的革命。

2）替代定律：社会取代一样事物是因为发现了更好的事物，而不是更新的事物。不要指望50年后凡事都会不同。基本的东西还是一样的，这似乎是显然的，然而不是。

去年夏天，《纽约时报》有一个头版标题说"电子图书时代，预言为时尚早"。在那一年之前的2000年8月，巴尼斯-诺贝尔（Barnes & Nobel）、微软和其他几家公司正式宣告电子图书时代来到了。他们的伟大预言错了。图书延续了两千年，是因为它好，而不是因为计算机工程师没有考虑过取代它——我们应该能相信这一点吧？正如我1999年写的（也在《纽约时报》），"拿计算机来取代书，就像拿塑料花来取代插花。"我认为，书是近两千年来最伟大的设计。

不过，令人惊奇的是，《纽约时报》在去年夏天的那种论调，我们以前就听说过了。早在20世纪70年代，施乐公司就已经宣告了图书的死亡和"E–书"的兴起（大概是这个意思）。我们可以肯定一点，再过十年或者二十年，《纽约时报》大概会有另一个头版大标题："任由专家评说，图书还会保留"。（知识分子就是这样擅长反复利用别人的错误。）

50年后，我们还会读印在纸上的书，看画在布上的画。如果运气好，你今天可以听贝多芬，看阿斯泰尔（Fred Astaire）的电影[1]，50年后，（假如你还活着）你仍然可以那样。

3）有形的总是战胜无形的。图书战胜电脑屏幕，并没有什么根本的理由，也不因为书是雅致的给人美感的东西（当然的是）。图书战胜屏幕是因为它很实用。它生来就方便携带，翻阅，浏览，可以在上面写写画画，比屏幕上的东西更好读。但在50年或更短的时间里，这个"有形战胜无形"的定律，将使我们今天熟悉的许多事物走向消亡。

买东西是一个典型的例子。大家都同意，友好的"中央大街"小商店比大的购物中心更好，而购物中心比批发商店好。没人喜欢批发商店，但是许多人还是去那儿。谁能在亚马逊网上书店享受到买书的乐趣呢？那些书不能翻，也摸不着。不过，也有的买书人不去书店而上亚马逊，是因为它很方便、选择多，有时还便宜 —— 这些有形的好

---

1. Fred Astaire（1899 — 1987）是美国一代舞王，被称为"世界上最伟大的舞蹈家"。他的表演、歌唱和舞蹈改变了美国音乐电影的面貌。主要作品有 *Lady Be Good! Flying Down to Rio; Shall We Dance? Hot Hat; Funny Face; Dancing Lady* 等。

处在任何时候都能超越无形的东西。

大学如果不是太得意自满，将为这个定律感到困惑和恐惧。在线教育已经全方位地在眼前出现了。如果我们想学的所有课程都能在网上学习，而且在线课程软件的质量在逐年提高，那么大学还凭什么来证明它的存在价值呢？大学能出卖的是无形的东西。它们提供了无形的校园经历——让你直接面对你的老师，更重要的是面对你的同学，面对你的校园。于是，50年后，大约95％的大学将消失。最好的一些学校也许还能坚持下来，因为它们确实有值得夸耀的实在的东西——声誉，这能给人们带来好的工作和财富。不过它们当然也会发生改变。例如，英语系原是为向学生传播伟大的文学而设立的，现在成了奢侈的地方。很多英语系在今天还坚持认为没有像文学那样伟大的东西。过不了多久，人们也许不会说，"是那样吗？那么你也可以教学生一些老古董呀。"他们会说，"是那样吗？那么我们不再需要英语系了，不是吗？"

当然，小学校也将彻底失败。

4)"古尔德定律"：技术终究只是手段，而不是目的。这位伟大的钢琴家已经过世差不多20年了。古尔德喜欢技术，也掌握着技术。20世纪60年代初，他曾大胆预言录音将取代现场演出。他离开了舞台，¹他关心录音的每个方面 —— 包括音乐的细节和技术的细节。随着20世纪杰出作品的流行，古尔德的录音一直是人们最喜爱的。狂热的古尔德相信技术能取代数百年的表演艺术传统。但他也拿最新的音频工程技术来为钢琴（有时也为管风琴和古钢琴）录音。

我们今天迷恋着技术（随便拿张报纸来看看吧）。这是一种不健康的迷恋；我们喋喋不休地谈技术，以逃避那些令我们感到紧张和愧疚的话题。如果谈技术，我们就不必谈艺术和科学，谈真与美，谈父母对孩子的道德和精神的（与金钱相对的）责任和义务。不谈道德和精神的平庸，我们可以谈财政和工程的辉煌。

技术是迷人的话题，也是深刻的话题，但（正如古尔德知道的）终究只是手段而不是目的。50年后，技术会比今天更普遍、更有威力 —— 今天它也够威风了 —— 但我们不会像今天这样依赖它。

未来几十年的某些硬件事实是显而易见的。计算机和大容量记忆芯片会变得很便宜，千百万的寻常人家都可以把它们安装在每一座竖起的大楼（不论私人的还是商务的）的框架里。你可以不时改变它们，就像换瓦片一样。

---

1. 古尔德（Glenn Gould, 1932—1982）生在加拿大，1964年4月在洛杉矶演出后就告别了短短9年的舞台生涯，大概是音乐史上第一个拒绝舞台的演奏家。他是完美主义者，认为只有选用录音带上最好的部分（他常常亲自做剪辑）才能实现完美的音乐。他说，"技术解放了艺术家，使他有更多的时间和自由，以自己的最高水平构思一部作品，远离紧张、焦虑、手指错音等枝节，达到完美的境地；技术能改变音乐会上令人讨厌而又不可避免的不确定性，将与音乐无关的个人东西排除在音乐之外。"

50年后（也许等不了那么久），互联网将被一个充满信息束的虚拟空间所取代。连通其中的一束，就等于连通一个物化的思想——你自己的或某个组织、某个机构的。你所依赖的信息——你自己的生活故事加上几百个你最喜欢的虚拟空间里同样的故事——将存在于你生活的任何地方，你走到哪儿，它们就跟到哪儿。你不需要带着这些信息结构，它们自己会在虚拟空间里穿行，就像你在海边漫步时跟着的一群友好的海豚。

信息束的结果之一是我们能获得极大的安全。每一个数据（当然，加了密的）将在整个虚拟空间复制几千次。每一个数据结构将分布——分散——在几千个分离的微电脑里。只有千百次独立而协同地闯入那么多电脑，才可能破坏或盗取数据。而你放在自己钱包里的私人密码钥匙，不但能解开数据的密码，还能将千百个分离的没有意义的数据片段结合起来形成一幅有意义的大图画——只有在你看它的时候，那图画才存在。

我们来做一个思想实验：想象一束光从一面墙壁的中央穿过，射到对面墙壁的中央。你站在屋子的中间，让光束正好从面前经过。当然，光只有在照到什么东西时才看得见，所以，一束光其实就是一束照亮的灰尘、雾滴或其他漂浮的微粒。信息束像钟那样"以时间的速度"运动：每一颗照亮的雾滴连续地从屋子的右端（将来）穿过中间（现在）然后流向左端（走进过去）。在垂直于光束的运动方向上插进一块屏幕（就像网球拍），这样你就可以"收听"它了。这就是你的"光束调谐器"。光束以稳定的速率通过你的调谐器。通过观察屏幕，你可以在光束经过的时候看到它。

　　实在的信息束是一股流向过去的一条条信息组成的溪流。如果将C-SPAN的节目转化为信息束，我们可以把它想象成一帧帧配有"一点点"声音的定格图画。（在电视上看C-SPAN，它们是一幅紧跟着一幅连续打开的。）[1]想象这些图画在信息束中展开，而你站在屋子的中间。右边一半的束是空白的；右边是未来，那里图画还没有播出。当C-SPAN播出一幅新的图像时，它就在屋子中间的"现在"显现出来，然后流向左边的过去。假如你的调谐器在"现在"或者无限接近"现在"的左边，你会看到一幅幅新图像的出现。于是，在这个思想实验里，你是通过在你的调谐器的屏幕上捕获一幅幅图像来观看C-SPAN节目的。

　　站在你左边的人也能接收同样的图像。他也看C-SPAN，但他离"现在"10分钟（比如说，在你左边五步的地方），他看的是过去了10分钟的C-SPAN，比实况晚了10分钟。C-SPAN向你的左边远远延伸，你可以在一小时、一年或十年以后看它，这要看你站在什么地方。那么你右边的未来的情形又如何呢？ C-SPAN有未来的计划：它的节目时间表。它存留在信息束的未来部分。假如C-SPAN要在下周二上午10点播出一台西班牙语教学节目（Spanorama），它就在信息束的下周二上午10点那个位置做一个记号，那个记号平稳地流向"现在"。在"现在"，时间表不再存在，而是转化为节目一秒一秒地播放出来。

---

1. 美国C-SPAN是Brian P. Lamb在1979年创立的公共事务有线电视网（Cable Satellite Public Affairs Networks），又称国会台，大量如实报道美国政治生活的大事，不作任何编辑、评论和分析。Lamb自己说，"在电子媒介的历史上，只有C-SPAN能让一些人站在麦克风前不受干扰地表达他的思想。"

信息束之所以重要是因为我们可以把自己的"信息生命"储存在里面。我们还可以把一个机构储存在里面。

我们来看你的信息生命。这个束是你产生或接收的每个信息组成的序列。束的信息可以是一幅画、一段音响、一段录像、一份文件、一页传真、一个网页书签或者任何别的信息单位。（刚才讲的C-SPAN束的元素是均匀的；大多数真实的束却是非常不均匀的。）你的信息束的起点 —— 在你远远的左边，而且还在平稳地远去 —— 是你的电子文本的出生证。新的电子邮件正好在你的面前（在"现在"的线上）出现。你做过的所有文档都储存在束的左边、过去的某个地方，并继续流向远方。如果要在某个文档的新版本上做事，你可以把文档复制一次，放在"现在"线上，然后在那里工作。（为了移动文档，改正你的Word处理器：把它固定在某个文档；文档移动到过去，不过还保留在屏幕上。）在你的信息束的未来储存着你的计划、约会和提示。它们都向着"现在"流动，经过"现在"线，然后流向过去，走进历史。

我还有好多没有讲；没有解释信息束的"为什么"和"怎么样"。不过关键的一点还在于信息束把握了你的生命的历史记录。假如你在"现在"线上审视你的信息束，那么每一点新的信息都将出现在你的眼前。（电话交谈也是它的一部分。）在信息束，你可以接近你的整个过去；你所能预见的未来也在它上面。（在众多的问题中，有一个尽管很小然而却很重要：你的医疗记录也在信息束上。他们是属于你的；你指定的任何人也可以在任何地方直接看到它们。）

未来的虚拟世界充满了信息束。

如果你在工作，你公司的"信息生命"也在信息束中流过。每个意见、每个通知、新的命令或者需要大家讨论的家庭问题，都会出现在"现在"线，然后流进过去。每个人都可以自己打开公司的信息束。只有你才能看到的你自己的文档和电子邮件，也散布在公司的文件中。讨论在信息束上进行，然后进入历史。规则在信息束上建立，命令也在信息束上发布。工厂的经理们监视着信息束，从信息束得到命令，然后付诸行动。公司的计划、会议、项目和最后期限等，都在信息束的未来。

信息束是公司的大脑。公司从来没有过"大脑"。公司的大脑不像你个人的，它是许多人而不是哪一个人建立的。它记录了过去、现在和未来，不会忘记任何事情。打开公司的信息束，你就走进了公司的大脑；实际上，你成了那个大脑的一部分。

中小学和大学也是这样的。一堂课或一门课程也像一个信息束，它把课程内容一点一点地传达出来。众多学生可以同时在线上用功，每个人在不同的点；而老师在一旁关注整个信息束，在需要的时候更新材料，听取他们提出的问题。一个电子校园是一个信息束。什么是"校园生活"呢？就是不断进行的讨论（加上物理接触，那需要你自己来做）。在校园的信息束上，同时回响着千百个讨论，一会儿分开，一会儿又汇合；有时候，学校本身也"发言"，发布一个个分离的信息，例如通知和命令。所以这些信息单元都散布在讨论中间。学校的计划和课程表张贴在信息束的未来，校园的讨论则向后流进过去。校园不再是时间里的一个点，它的整个历史都在信息束上，你可以在任何地方（甚至在任何时候）进入它……校园（或公司）也不是空间的一个点。不论在什么地方 —— 坐在起居室或者躺在海滩上 —— 你都可以浏览信息束，走进一个共同的头脑。

市场是信息束，是买卖人集合的地方。

但是多数人都喜欢同其他人在一起。我们不想呆在家里。50年后，人们去某个地方、加入某个人群，都是因为他们愿意，而不是因为不得不去。学校将成为邻居孩子们的随意集合。每个孩子都能打开一个独立的信息束 —— 坐在"邻里学校"教室里的20个小孩可能同时加入20所不同的学校，但他们可以一起午餐，一起在教室外面蹦蹦跳跳；任何有责任心的成年人（不论有没有教师资格）都可以照看他们。同样也可以出现"邻里办公室"。你可以在一间小办公室里跟几十个人一起工作，他们也许来自不同的公司，但是仍然愿意在一起度过工作日。

形成我们今天景观的办公大楼将不复存在，大大小小的商店即将退出舞台。（电子商务似乎暂时还悬着，但别忘了今天的网站是多么可笑和原始。例如，网上书店的图书为什么不让我们翻阅呢？这是没有理由的；为什么要我们在每次访问新网站时都熟悉新的界面设计呢？这也是没有理由的。不管怎么说 —— 尽管结果也是好混杂的 —— 商务和教育正在无情地走进虚拟空间。）在世界延伸的信息束的最终结果是使邻居像在19世纪那样重要。人们需要房子，需要方便普通的邻里聚会的公共场所。除了大博物馆、大主题公园和大购物中心，我们不再需要城市。更糟糕的是，城市是人类最伟大的艺术品。不过，当我们不再需要它们时，一定会更欣赏它们。

在未来50年，我们驾驭的东西会不会更少？不，我们能驾驭更多。明白地说，我们喜欢征服。我们越是富有，越能做更多我们喜欢的事情。

所以，半个世纪后的世界跟今天有不同样子、不同的工作方式。它将更加富裕；它将拥有更先进的技术。它也许还会比任何时候都更加幸福一点。

格冷特（David Gelernter）

　　格冷特（David Gelernter）是耶鲁大学计算机科学教授，镜像世界技术（纽黑文）首席科学家。他主要研究信息管理、平行规划（*parallel programming*）和人工智能。在Nicholas Carriero and Gelernter＇s Linda系统（1983）中引进的"数组空间（tuple space）"是世界许多计算机联络系统的基础。格冷特博士是以下几本书的作者：《镜像世界》（*Mirror Worlds*）、《机器的缪斯》（*The Muse in the Machine*）、《1939》《描绘生命》（*Drawing Life*）和《机器美人》（*Machine Beauty*）。

思想，大脑和自我　　J. 勒杜

Joseph Ledoux

　　年轻的弗洛伊德从研究神经系统开始他的科学生涯。他相信，对大脑功能的认识能揭开精神生活的秘密。他很快意识到已有的大脑研究工具不足以实现他的理想，于是转向了纯粹的心理学方法。在他以后的那些年里，神经科学已经茁壮成长起来了，它的发现一定能令弗洛伊德感到惊奇。不过仍然还有许多需要研究的东西，下面讲的是我们可以预料将在未来年月出现的进展。

读脑

　　我们的感觉、记忆和情感是如何通过大脑活动的？神经科学研究已经卓有成效地揭开了这些秘密。许多研究涉及人类以外的生命，特别是老鼠和猴子。虽然这种方法能让我们充分了解人类与其他动物所共有的大脑功能，却不能使我们认识人类大脑的独特性。研究有脑损伤的人有助于填补这个空缺。虽然脑损伤问题的研究关心大脑的正常功能，实际上也同样关心大脑如何补偿失去的功能。

　　新的技术使我们能够研究人类大脑的正常功能，而且有望在新的水平认识大脑与思维的关系。具体说，功能磁共振图像（fMRI）的出现，为研究者深入人类大脑、观察它在产生心理活动或经历一定事件时的活动，提供了安全实用的途径。目前所做的多数图像研究都是为了发挥这个技术的作用，证明它跟更传统的方法揭示了相同的大脑功能图像。现有的许多发现也就这样与来自试验动物的大脑研究相互参照。如果对特定的大脑系统的行为没有基本的认识背景，图像发现的东西就将悬在认识的真空。举例来说，老鼠和其他哺乳动物的研究表明，在发觉和感应危险时，扁桃体（颞骨附近的小脑的一叶）是大脑网络的关键部分。在这一点认识的指引下，研究者后来发现，扁桃体损伤的患者对危险的识别很迟钝；当人们暴露在威胁的刺激下时，正如 fMRI 图像所反映的，扁桃体区域会活跃起来。在这样一些方面，动物的研究在前头铺平了道路。

重要的是，研究的物种要与提出的问题相匹配。例如，我们赖以把握信息和做事情的短时记忆，是人类思想的重要的基础过程。我们知道这个过程与人类所谓背外侧前额皮层的大脑区域有关。老鼠没有背外侧前额皮层，所以不适合做这类关于记忆的研究。猴子有背外侧前额皮层，而且，关于这个区域在短时记忆过程中的作用的许多东西，都是通过对猴子的研究而发现的。但是，人类思维的一个重要方面是言辞的短时记忆，这个功能不可能在人以外的其他物种进行直接研究。最近，fMRI 研究对说明人类大脑如何实现言辞的短时记忆，发挥了重要作用。

将来用 fMRI 或其他方法 —— 包括记录活动的方法、刺激选择大脑区域的方法和诱导活动的方法 —— 来研究人类大脑，可能分化为三个大的领域。第一是最普通的：对已经有所认识的过程，如感觉、记忆、情感、语言和短时记忆的神经组织，我们将获得更多的认识。第二是更多地发现这些过程是如何在大脑中相互作用的。这些发现将使我们在更加广大的系统水平上认识大脑功能的概念，而且至少能使我们走近一个理论的开端 —— 这个理论关心的是大脑如何产生思想，而不是特定的精神过程如何发生作用。这样的研究已经开始了，可是太少。

第三个领域也许是最重要的。几乎所有大脑功能的研究都集中于多数人的大脑在多数时间里的典型行为方式。为了得出一个标准，这些研究都涉及许多对象。一旦对这些标准的功能有了牢固的认识，我们就能追问个体差异如何决定表现自我和个性的那些独特性质。这些问题需要多少有些不同的研究方法 —— 在特定的个体做大量的观测，而不是对众多的对象做同一个观测。

在人的大脑和思想中进行着怎样的活动，现有的技术为我们提供了有力的评估工具。随着这些技术的进步，我们不得不面临这样一个问题：我们的社会是否能够承受研究可能带来的一切？假如我们能看透人的大脑，能看清一个人在想什么、感觉什么 —— 从而知道他是不是想谋杀、猥亵或者强奸 —— 知道了这些东西，我们该怎么办？

控制记忆

每当我们形成记忆的时候，实际上是在调节大脑的某种联络 —— 神经键的联络。不论我们平常记住早晨穿的袜子的颜色，还是本能地记住母亲的声音，记忆都是调节神经元之间的联络的过程。

简单说来，事情是这样的：在事情发生过程中活跃起来的神经元，会经过一定的化学变化，那些变化能激活基因，从而启动活跃细胞里的蛋白质合成。然后，蛋白质转移到活跃细胞的活跃的神经元突触，在那里改变它们（而且只改变它们）从与之相连的神经元接受信息的能力。记忆就在这样的变化中形成了。据我们已有的知识，我们预料在不远的将来可以通过不同的方式来控制记忆。

现在人类的寿命长了，许多人都面临着与老龄有关的记忆问题。这些问题最显著地表现在阿尔茨海默症和其他某些神经障碍患者的身上，但没患什么特别脑疾病的老人，记忆力也会衰退。眼下，科学家正在研究形形色色的动物的记忆，如海蛞蝓、苍蝇、老鼠、兔子和猴子，拿那些知识来为增强我们人类的记忆力开辟新的途径。例如，我们已经明白，许多形式的记忆都跟神经传递介质的谷氨酸盐及其受体有关。于是，提高记忆的方法之一，就是开发能促进谷氨酸盐传递的药物。而且，化学离子（特别是钙）从谷氨酸盐受体流向神经元，也是记忆形成的重要步骤。钙的增加，能激活分子，而激活的分子又能激活基因。这样，开发促进大脑细胞中的这些过程的药物 —— 就是说，提高它们激活基因的能力，形成更多的蛋白质，从而稳定作为记忆基础的神经元网络 —— 为我们提供了增强记忆力的另一条途径。

不过，对于像患阿尔茨海默症那样的神经疾病的人，该如何修复他们的大脑呢？最近发现，在成人大脑的海马状突起区（对有意识记忆起着核心作用的一个大脑区域）长出了新的神经元，这为我们带来了新的希望。假如能够通过什么方式让这些细胞联络参与到这样的退化记忆回路中来，记忆功能也许还能复原。假如联邦政府能让研究者们放开手脚，更自由地做干细胞的研究，阿尔茨海默症之类的疾病可能根本不会在易感人群里出现。

脑科学可能产生重要影响的另一个领域，是阻止或者消除人们不喜欢的记忆，特别是那些创伤的记忆。那种记忆是形成创伤后压力障碍的主要条件。如果能尽快把它们忘却，压力可能在一定程度上得到缓解。研究者们已经提出了在记忆形成和稳固时改变记忆命运的方法，这有助于开发某些药物，在高度紧张的事件发生后立即服用这些药物，也许能预防创伤记忆。但是，因为记忆只需要几个小时 —— 合成和利用蛋白质的时间 —— 就牢固形成了，所以这个方法应用起来还有许多限制。不过，我们大概还有别的方法。

对老鼠的最新研究表明，如果大脑记忆区的蛋白质在回忆过程中被干扰了，那么已经形成的特定记忆也可能被破坏。但是为了能消除创伤记忆，同时完整地保留其他记忆，我们使用的药物必须针对创伤记忆所在的区域。这就需要我们找到在创伤后遗症中创伤记忆形成的位置，还要通过某种办法把药物限定在那个区域。我们将简单考虑这些问题。

当然，即使能淡化或者抹去人们头脑中的烦恼记忆，也不是轻而易举的事情。假设有那么一个大屠杀幸存者，几十年来生活在尸横遍野的记忆中。这些记忆显然已经成了他个性的一部分。尽管他可能为这些记忆感到痛苦，但是如果把生命里的这一重要插曲抹去了，他将成为怎样的一个人呢？

　　科学进步有时会成为日常生活的一个部分。于是，我们也许有那么一天，能拿非处方药来为特别的经历在头脑里留下特别强烈的印记。假如你想把生日晚会或婚礼生动地记下来，在晚会前，你可以服一粒能更有效激发谷氨酸或别的什么分子的药丸，那么，晚会上发生的事情就会一幕幕地刻进你的脑子。

　　这样重塑记忆听起来似乎很牵强，实际上我们一直在想办法增强经历的情感作用，让我们的回忆更生动、更久远。服药不过是为了同一个目标的另一种方法。在婚礼上，给新娘送一瓶药丸不如送一束鲜花那么浪漫，但是药丸也许能更有效地达成心愿（记住一个值得纪念的夜晚）。当然，为了保险，你送了药还可以送花。

忘忧草

　　麦克白渴求"一剂甘甜的忘忧药"来根治痛苦[1]，我们今天真的有许多药能很好地用来医治抑郁或其他心理疾病。但药物的使用会产生一些副作用。50 年后，或者更早一些，药物将针对大脑的病态网络发生作用，而不会影响其他部分。为了做出那样的药物，还需要几点进步。

　　首先我们需要更多地认识一定的病态究竟破坏了哪些大脑网络。在这方面，脑图像正开始发挥作用。研究正在向我们表明，抑

---

1. 在莎士比亚《麦克白》第 5 幕第 3 场中，麦克白对太医说，"你难道不能治疗那病态的心理，从记忆里拔去生根的忧郁，抹去写在脑膜的烦恼，拿一剂甘甜的忘忧药，把那淤积在胸间、重压在心头的毒素清洗干净吗？"（本节原题 smart drug，译者根据内容把它改成现在这个在汉语中似乎更好听的词儿。）

郁者、焦虑者或精神分裂患者的大脑跟没有这些病痛的人有着怎样的
不同。不过，为了认识这些区别的意义，我们还需要更多地了解那些
病态区域的正常功能。

例如，根据现有动物和人类的数据，我们有理由假定，跟恐惧相
关的疾病（急性焦虑症、创伤后遗症、广泛性焦虑症、惊吓、恐惧、妄
想型精神分裂），源于大脑恐惧网络的正常功能和它跟其他网络相互
作用的改变。我们曾经讲过，扁桃体是这些网络的关键部分，扁桃体
功能的改变也许能解释焦虑症的某些方面。具体说来，当扁桃体对危
险过分敏感，能从别人可能忽略的境况觉察出危险并产生保护性反
应；或者当扁桃体活动过分强烈，对同样威胁能产生比别人强烈得多
的反应，都可能出现过分的不适当的恐惧。这两种情形可能来自遗传，
也可能来自创伤或其他紧张经历，也可能是两种因素的某种综合。而
且，不论哪种效应，都能通过与扁桃体相连的其他大脑区域对扁桃体
功能的调节来加强。不同的情形，可以用扁桃体内部或扁桃体与大脑
其他区域之间的记忆回路的不同改变来解释。如果脑图像研究证明
了扁桃体（或其他大脑区域）确实在焦虑症的情形下遭到破坏，那么，
弄清本区域的功能和它与其他系统的相互作用，对开辟新的治疗方法
将有着根本的意义。不过，即使目前的脑图像研究说明了人类的某些
病态（如焦虑）牵涉着一定的脑区域，动物研究对我们在细胞和神经
元的水平认识那个区域的详细的神经作用机理，仍然是很重要的。新
的更好的药物的开发，最终也依赖于那个水平的知识。

一旦人类图像研究证明了特别的病态牵涉到一定的大脑神经网
络，而动物研究详尽揭示了那些网络的组织，我们就可以期待专门针

对那些受伤害网络的药物。方法之一是利用分子遗传学的进步：假如我们能识别某个只在表现于扁桃体或者只能以某种特别方式在那儿表现的分子，那么我们就可能拿这样的分子做钥匙去打开新药的大门。就是说，药还是口服的，仍然可以在血液里流向大脑的多个区域；不过，因为药物分子的包裹，它们在多数区域是不活动的。只有在遇到分子"钥匙"时（在这个假想的例子中，只有扁桃体才有那样的分子），药物才能活动。这样的药物能帮助扁桃体修正反常行为，而不会影响大脑的其他区域，从而也减少了药物扩散产生的讨厌的心理学副作用。可是，因为扁桃体也参与了"正常的"大脑功能，所以我们面前的真正挑战是寻求某种能有选择地对病态功能进行攻击的途径。

扁桃体辩护

扁桃体跟许多大脑区域一样，在我们不知不觉中发挥作用。我们可以知道扁桃体的作用结果，却不可能有意识地走进它的内部。因为扁桃体可以被激发起来表现出无意识控制下的情绪反应，所以它很有可能会无意识地犯罪 —— 做出清醒的人永远不能宽恕的事情。

这种可能性没有逃过法律。法律体系中早就认识到了"情绪犯罪"，即一个本来守法而且有理智的人在失去理性和心智时所犯下的罪行。"扁桃体辩护"为这类问题找到了神经学的理由。随着我们对大脑活动越来越多的认识，律师对我们的发现有了更多的了解，基于神经学的辩护会越来越普遍。所以，还是让我们具体来看看扁桃体辩护是怎么回事。

首先，扁桃体辩护不能同另一个相关的问题 —— 我们可以称它"病脑辩护"—— 混淆起来。在病脑辩护中，问题在于一个人犯罪是因为他的大脑发生了生理病变。相反，扁桃体辩护的基本思想是，扁桃体是在无意识状态下正常地控制着情绪行为。于是，一个罪行可能是扁桃体在没有意识思维时犯下的。扁桃体当然也可能控制与一定刺激条件下的意识控制无关的攻击行为。然而，为了能实施扁桃体辩护，还需要满足几个原则。

扁桃体的一个重要功能是在面临突然的危险时迅速产生自我保护反应。但是假如刺激经历了一定的时间，而且能被意识所察觉，那么行为将更多地受通过大脑皮层的更高级的思想过程的控制。另外，扁桃体控制下的各类反应是以一种固定的方式产生的本能的（"硬联接的"）、简单的、迅速的反应 —— 就是说，在同一物种的所有成员中，这些行为都是相同的。所以，如果某个行为是故意的、表现相对迟缓的（经过几秒而不是几毫秒），有着一系列复杂的动作，而且不同的人有不同的做法，那么这样的行为很可能不是扁桃体直接控制的。扁桃体可以间接影响或协调这些更复杂的反应，但它们终究是其他大脑系统的事情。这些事实说明，能借扁桃体成功辩护的罪行，必然是相对单纯的、本能的、一成不变的反应行为，它几乎是在刺激发生的同时产生的，没有任何的预谋。

我怀疑没有几个案子能满足这些准则而赢得扁桃体辩护。不过，我们越来越清楚地发现，扁桃体之外的许多大脑系统在无意识地发挥作用 —— 甚至意识本身也是大脑网络无意识行为的结果。这就产生一种可能：扁桃体辩护虽然在名义上错了，但在本质上却仍然是成立的。然而，我们是否需要重新考虑人类责任的本质和局限，还有赖于未来关于大脑有意识和无意识控制之间的平衡的发现。这些发现可能也在未来50年到来。

勒杜（Joseph Ledoux）

勒杜（Joseph Ledoux）是纽约大学自然科学中心Henry和Lucy Moses科学教授，长期以来寻求从大脑生物学状态的角度来认识人类情感。他的研究强调学习和记忆在情感经历中的作用（而不是遗传的先决作用），寻求将情感经历的记忆与神经元的连接联系起来。他的最新著作是《突触的自我：大脑如何适应我们自己》（*Synaptic Self : How Our Brain Becomes Who We Are*）。他还写过《情感大脑：情感生活的神秘基础》（*The Emotional Brain : The Mysterious Underpinnings of Emotional Life*），与 Michael Gazzaniga 合写了《完整的头脑》（*The Integrated Mind*），与 W.Hirst 编辑了《精神与脑：认知神经科学对话》（*Mind and Brain: Dialogues in Cognitive Neuroscience*）。

我们何以如此：
来自 2050 年的观点

J.R. 哈里斯

Judith Rich Harris

作为儿童成长研究会健在的最老的会员（2月我就112岁了），我应邀来报告我们领域在过去50年 —— 21世纪前50年 —— 的科学进展。不过，在谈儿童之前，我想说几句有关我们这些老人的话。我们学会的人都知道，衰老也是一种成长。本世纪最重要的科学进步之一，在我看来，就是开发了能预防、甚至一定程度上能逆转阿尔茨海默症引发的大脑变化的药物。虽然我不想装着记忆力很好的样子 —— 如果我忘了说什么你们觉得应该在这个报告里说的事情，我请你们原谅 —— 但我今天能被请到这里来向你们报告，正好证明了那些药物的功效。

好了，现在我来谈指定给我的题目：儿童成长领域在过去50年有哪些科学进展。21世纪开始的时候，发展派学者们已经认识了很多对所有正常儿童都基本相同的那些成长环节。在认识儿童如何学会思想、说话、阅读等方面我们取得了好的成绩，至于是什么使他们成长为不同的人 —— 为什么有的孩子善良、懂事，有的孩子好斗、冲动 —— 我们却知之甚少。20世纪的发展派学者（那时他们称自己为"发展心理学家"）认为他们懂得了个体行为和性格差异的根源，但我们现在知道，他们多数都错了。所以，21世纪已经取得的最重要的进步，是我们认识了人为什么会不同，并且学会了利用那些不同。

讲这些进步之前，我想应该先来看看为什么这个领域在上个世纪里几乎没有进步。主要的原因是我们轻视了遗传学而运用了过时的研究手段。到2000年的时候，发展学家们才勉强承认婴儿并不都是天生一样的——每个人生来都有各自的特点，主要来自遗传。但他们仍然用着20世纪50年代出现的研究方法，而那些方法的基础却假定婴儿都有完全相同的起点！

你们看到了，20世纪50年代时，多数发展派学者的确相信新生儿都是一样的，于是认为他们长大以后出现的任何差异一定源于他们出生以后的不同经历，也就是不同的成长环境。在那样的假定下，在那个时候产生那样的研究方法是有意义的；但不幸的是在那个假定被抛弃很久以后，那方法还在继续流行着。

那个方法很简单。首先，所谓"社会化研究"领域的发展派学者会度量环境的某个方面与儿童成长的某个方面。然后，他们寻找环境度量与成长度量之间的联系。接下来，他们报告他们的发现；例如，听父母读书多的孩子长大以后可能更喜欢读书；经常挨父母打的孩子长大以后可能更喜欢争斗；常跟父母说知心话的未成年人不容易陷入少年的各种烦恼。最后，他们根据这些发现，向孩子的父母提出忠告：如果想让孩子在学校学习好，就多给他读一些书；如果不想让孩子好斗，就不要打他；如果不想让孩子陷入烦恼，就经常同他说一些知心话。美国政府实际上花了很多钱让研究者们做这种研究，然后发表那些的忠告！

是的，我们今天可以笑话它，不过那时它却是很严肃的事情。用当时流行的词来说，20世纪末的发展派学者"活得很累"。[1]他们没有面对这样的事实：假如基因对他们度量的结果有任何重要的影响，那么他们的研究成果就不可能得到解释。他们虽然承认儿童有基因，却不承认孩子继承了父母的基因，而且只是因为遗传他们才会在许多地方（如智能、胆量和为人）像他的生身父母。

为什么发展派学者经过了那么长的时间才承认这个明显的事实呢？毕竟，运用更好的方法所做的研究，已经产生了足够的数据证明他们正在走向错误的结果。那时候，所谓行为遗传学领域（现在我们更熟悉的是它的一些分支学科）的研究者们已经证明，20世纪发展派学者津津乐道的那些关系，几乎都可以在家族成员的遗传相似基础上得到解释。如果我们考察收养子女的家庭，那些关系也就不存在了。但是这些结果和理解它们的人所写的忠告，差不多都被遗忘了。

我就是那些人当中的一个，世纪之交的时候，我也为那些忠告白费了好多口舌。有人预言，我1998年的那本《教育假设》将成为"心理学史上的一个转折点"，很遗憾它成不了。[2]那样一艘大船不可能一下子转过弯来。它正全速前进着，掌舵的是当时德高望重的大学者们，他们对现状感到非常满意。为了将它调转到新的方向，还需要大家来推动。如果我没记错，第一个推动是一本书：《家庭影响的极限》，作

---

1. denial 原是心理学家 A.A.Brill 1914 年翻译弗洛伊德《日常生活的精神病理学》时用的一个术语，20世纪80年代，in denial 却在美国流行开来。说的是一种无意识的抵制情绪，不愿承认痛苦的现实。
2. 在下面我们会看到，哈里斯提出了一种父母对孩子成长的"零影响"假设；她认为过去的"教育假设"是偏见。

者是洛威（David Rowe），比我那本早几年。世纪之交不久，出现了宾克尔（Steven Pinker）的《空白的石板》[1]。几年后又有普洛明（Robert Plomin）的一本。再后来，还有伍兹（Eldrick Woods）和阿比盖尔·沃克（Abigail Valk）的。（说句题外话，也许你们有人不知道，伍兹以前还有过高尔夫球冠军的经历。至于阿比盖尔，当然了，她不仅做过学会的主席，也是我的孙女。）

　　不过最大的推动来自发展心理学领域的外面 —— 抱歉，我这里说的是发展的科学。人类基因组的解密给遗传学研究带来了巨大的推动力，它首先使人们发觉，然后又使人认识了，微小的基因差异如何能在人的个性和认知能力上产生显著的不同。研究者最后面对着这样的事实：除非知道环境给儿童带来了什么特征和倾向，否则他们不可能明白环境是怎么影响儿童成长的。离开了对基因的控制，只关心成长结果的研究不能告诉我们任何事情。

　　现在，在寻找各种基因组合中通过扫描个人的基因组，我们可以直接控制许多类型的基因作用。不过，从长远来看，控制基因作用还需要运用更艰辛的方法，例如，研究收养的儿童或者双胞胎。尽管这些方法显然能产生更多的结果，老方法还是一直用到了 2016 年。就在那一年，美国政府终于下了决心，拒绝资助没有包含基因控制的任何关于成长的研究。这个决定革新了这个领域 —— 不仅因为它结束了无用的研究，还因为好多老一辈的发展派学者在那个时候决定退休了。

---

1. Steven Pinker, *The Blank Slate: The Modern Denial of Human Nature.* 作者批判了婴儿大脑是"空白的石板"的观点，认为人类先天就有物种生存所需要的普遍结构。

　　当然，帮助把我们的领域转向新方向的，还有其他的因素。我要说的一个，是从古人类学发现得来的知识。最重要的一个发现是在2021年，在一个融化的冰川……哦，那是在哪儿呢？——大概在斯堪的那维亚的什么地方。在冰川里发现的是一具早期欧洲人的遗体，大约死了27000年。不过，引起轰动的不在于他是欧洲人，而在于他穿戴的东西。他的衣服是精美的厚毛皮做的，起初没人能认出来。好，你们大概知道，那原来是一个尼安德特人（Neanderthal）的毛皮——准确说，是三个尼安德特人的。这个发现极大改变了我们关于原始人类的演化和历史的观点。它说明了古人类学家早该认识的一件事情：尼安德特人是有毛皮的人。如果没有厚厚的毛皮，他们不可能在冰川时代的欧洲活那么久；随便在肩上披一张鹿皮是不可能抵御那种恶劣气候的；他们还没有发明针线，当然也不会把它缝起来。起初，人们很难接受这样的观点：我们祖先不仅把尼安德特人看成是食物的来源（那似乎是可以原谅的，因为尼安德特人也是那样看我们的），还是衣服的来源。[1]

　　尽管那个发现只提出了我们已经知道的事情——我们是掠夺者，是世界上最可怕的动物——最终它还是让我们更现实地来看人类的本性。那种浪漫的"高贵的原始人"的观点终于被扔进了垃圾堆。我们的祖先是原始的，是的，但一点儿也不高贵。如果做好人，我们也走不到今天了。

---

1. 1856年在德国Neander山谷发现第一个尼安德特人（大约在30万年前出现，3.5万年前灭绝）骨架后，人们都相信它是人类的祖先。1997年，德国科学家发现它的DNA与人类的不同，而是另外一种灭绝了的动物。

不过，我们显然还是可以在适当的条件下做好人。研究者们在确定那些条件方面已经取得了很好的进展，但是也还有好多事情要做。

关于儿童成长，我们知道些什么？

很抱歉，大家到这儿来，多半是对儿童成长环境的影响感兴趣，而我却讲了那么多遗传学的东西。不过，正如我说的，为了弄清环境的影响，我们先得剔除基因的影响。有了21世纪的技术和方法，研究者们现在可以做得相当精确。

这个研究说明，尽管环境对儿童成长有着重要的影响，但并不像20世纪的发展派学者想的那个样子。现在看来，他们的理论所依赖的大多数关系，要么是基因的直接结果 —— 如父母和他们的亲生子女有着相似的基因组形式 —— 要么取决于父母对孩子的行为的态度。有些十几岁的孩子对父母说的每样事情都瞧不上眼，他们的话一句也听不进，那么父母是不大会同他们说知心话的。如果真的这样，那些孩子是最可能陷入烦恼的。父母没能很好与孩子交心，孩子容易做出蠢事来，两者之所以有联系，是因为它们有着同一个根源：孩子的个性。

于是问题在于，我们如何解释孩子的个性？为什么有的懂事，有的冲动，有的讨人喜欢，有的令人讨厌？ 21世纪开始的几十年前，我们知道那不全是因为基因；不同个体的基因的差别大约只能解释个性差别的一半。但是基因之外的对个性发展的影响，我们几乎一无所知，因为，现在发现，过去多数的研究时间和金钱都浪费在了不可能有结果的问题上面。

当发展派学者终于发现个性与环境的相互作用时，事情才有了一点突破。人们很早就认识了环境强烈影响着个性——不同环境的人有不同的行为习惯——但是人从一个环境走到另一个环境，行为是有一定惯性的。20世纪的发展派学者错误解释了这种行为惯性。例如，他们发现有些孩子不论在家还是在学校都很烦恼，就匆忙做出结论说，孩子在学校烦恼是因为某些家里的事情。但是，一旦我们有了方法把遗传和环境对行为的影响区别开来，就可以清楚地看到，孩子在不同环境下表现的任何相似行为的倾向，几乎都是因为遗传对行为的影响。环境影响不会从一种情况转移到另一种情况（当然，如果两种情况相似，环境影响也会是相似的）。

这一点认识为我们解答了一个疑问：为什么儿童时代的家庭环境对儿童表现的行为方式似乎没有什么影响？在家里发生的事情当然是重要的，不过，为了认识它的影响，我们还得看看人们跟父母兄弟姐妹在一起时是怎么做事的。人长大以后，我们很少在那种情形下评说他的个性，自然也就不会表现出儿童时代的家庭影响。父母对子女的个性没有长久的影响，理由很简单：成年的人没有生活在父母的家里。

于是，为了弄清儿童时代的环境如何影响成人的个性，研究者们还得关心家庭外面发生在儿童身上的事情。事实证明，儿童在家庭外面遇到的几乎每一件事情——他们在学校和邻里的经历，老师和同学对他们的态度——都会产生影响。我们早就知道文化很重要，但我们也发现，文化只有在父母以外的其他人传播的时候，才可能产生长久的影响。如果完全靠父母来传播文化，孩子会觉得那只是他们家或家族的老习惯，在别的地方就不对了，或者没用了。父母发现，如果想向孩子灌输某种特殊的文化，他们只能把孩子放在那种文化氛围中，不但在家里，还要在外面。反正好多父母都在那么做，至于为什么有效，倒是一个有意思的问题。

我们还有很多东西要学。在世纪之交，我曾乐观地认为，到 2050年的时候，我们能发现个性里多数非遗传变化的根源（那时我们把这些变化的原因归结为所谓的"非共享环境"）。但是直到现在，我们大概才勉强解释了其中的一半，还有大约四分之一的个性改变没有得到解释。我们知道，有些尚未解释的改变来自环境 —— 来自发生在孩子身上的一些小事情，而那些事情的发生，我们很难研究，当然更难预料。但有些改变可以拿生物学来解释 —— 尽管不是遗传的，却是生物的。即使基因完全相同的小宝宝（如孪生或者克隆），出生的时候也不会是完全一样的；他们的指纹会有细微的差别，大脑当然也是。哪些分子过程在大脑形成中产生了那些微妙差异，那些差异对个性会产生什么影响，是研究者们眼下正在研究的事情，不过工作才刚刚起步。

所以，我们还不可能对行为或个性做出什么有确定意义的预言。当我们需要预言别人行为的时候，一定会讨厌不确定；不过我们会同样为此而欢喜，因为别人也不可能预言我们的行为！

运用我们的知识

我们现在知道，发生在家里的事情影响孩子在家里的行为，发生在外面的事情影响他们在外面的行为。如果孩子的行为在家里出了问题，我们可以给父母讲一些更有效的培养孩子的方法，帮助他们。如果孩子的行为在学校出了问题，那就是学校的责任，我们也能帮助他们。例如，我们已经知道应该怎样保护那些弱小的、或者不太讨人喜欢的孩子，不让他们受恶人的欺负。

我们知道，孩子需要稳定的外在环境，经常搬家 —— 不停地从这家邻居迁到另一家邻居，从一所学校转到另一所学校，对他们可不是好事。孩子特别需要经常在一起玩儿的伙伴，要不，他得老让新伙伴接受他，老让自己适应新伙伴的行为、打扮和说话。我们知道，孩子有多少父母是无关紧要的（性别更无所谓），只要父母的重新组合不破坏孩子在家庭外面的生活。20世纪中叶的人反对那些因为不愿继续生活在一起就分裂家庭的父母，而我们这些21世纪中叶的人，也不赞成那些为自己方便而带着孩子四处迁移的父母。

幸运的是，现在人们一般都在家庭能稳定下来以后才要孩子。由于生殖医学的进步，意外怀孕的事情几乎完全没有了。我们控制生育的能力在下降，问题在于我们没有更多的小孩。尽管多数政府在想方设法鼓励生育，但几乎世界每个角落的人口数量都在减少。

从孩子的立场看，这是大有好处的。当教师职位需要竞争时，意味着我们所有的老师都有很高的素质（也有很高的薪水）。孩子们在更小的学校和更小的教室里学习，事实证明它的好处远远超出了大家显而易见的教育的好处。过去，十几岁的少年往往在很大的中学读书，结果，他们可能分化为相互对立的群体：赞成教育的与反对教育的；爱运动的与不运动的；棕皮肤的与红皮肤的。这些影响一般是非常有害的。如果学校和班级都很小，就不大会发生那些事情。如果真的发生了，我们也知道该怎么做。

我们得到的知识也给父母带来了很大的好处。在20世纪的后50年，抚养孩子比以往和以后的任何时候都更艰难，因为"专家"让父母们觉得他们孩子的精神太脆弱，一步走错，就可能带来永久的伤害。父母们害怕使用自己的权威。他们很少体罚孩子；而是叫"暂停"，那样，孩子觉得难过，而父母更觉得难做。孩子的周围都是拥抱、亲吻、礼物、赞美和爱的承诺。孩子喜欢永远有人关心和赞美，但这个事实常被人误会，以为孩子需要永远有人关心和赞美。在那些日子，人们看重所谓"自然"，但他们培养孩子的方式却要他们违背自己的自然倾向，装出一副爱的样子，其实他们通常并没有感觉到爱。他们不得不把自己的需要放到一边 —— 连睡觉也顾不上。

孩子的培养方式，从严厉到溺爱，然后又回到严厉，经历着周期性的转变。我活了那么长的时间，看着它在两种方式间摇摆。50年前人们教育孩子的方式在我们今天看来有点儿可笑。今天的孩子没有得到过去那么多的口头赞美和物质奖励，但他们得到的却是纯真。在外面，日复一日、年复一年，孩子都跟同一群小伙伴们在一起。

令人惊奇的是，今天像这样长大的儿童，在许多方面竟然像远古部落或游牧社会的儿童，而不太像上个世纪末的典型美国家庭的孩子。我不能证明这有什么因果联系，不过，21世纪初空前多的儿童抑郁症，在今天明显减少了。

就借这句令人鼓舞的话来结束我的报告吧，谢谢大家。

哈里斯（Judith Rich Harris）

哈里斯（Judith Rich Harris）是作家，也是发展心理学家。她写过儿童成长的教科书，发现她过去告诉别人的许多东西都是错误的。她不再写教科书了，写了一篇文章宣扬她的新的儿童发展理论。文章发表在《心理学评论》（*Psychological Review*），获1998年美国心理学会George A. Miller奖。哈里斯的书《教育假设：为什么儿童表现出那样的行为》（*The Nurture Assumption: Why Children Turn Out the Way They Do*）曾入选1999年度普利策奖。

药、DNA 和躺椅

S. 巴龙德斯
Samuel Barondes

1950 年，在一家法国制药公司 Rhone-Poulenc[1]，一个化学家改变了一种治疗过敏反应的药物（抗组胺药）的结构，意外产生了一种能消除精神分裂症患者的错乱思想的药物。在几年的时间里，这种新药就以氯丙嗪（Thorazine）的名字闻名世界了，那是第一种真正的有效治疗精神疾病的药物。因为疗效显著，氯丙嗪为 20 世纪后 50 年开辟了一条精神病治疗法的新路。

氯丙嗪的巨大成功激发了其他制药公司的强有力竞争。20 世纪 50 年代，在寻求更多抗精神病药物的过程中，人们偶然发现了两类其他精神病药。瑞士的一家制药公司（Geigy）生产了一种改进的抗组胺药，虽然对精神病不起作用，但后来证明是对付严重抑郁症的好办法。这种叫丙咪嗪（Tolfranil）的药，为现代许多抗抑郁药物的出现铺平了道路。接着，另一家瑞士公司（Hoffman-La Roche）生产了一种安定药利眠宁（Librium），对精神病也不起作用，但能减轻焦虑。紧跟着出现了另一种安定药重氮异胺（Valium），从 60 年代中叶起，在美国畅销了大约 10 年。

---

1. 1998 年，Rhone-Poulenc 与德国 Hoechst 合并为 Aventis，方向是医药、疫苗和生物工程。

更令人欣喜的是，人们忽然发现那些药物影响着神经传递介质 —— 在神经细胞间传递信息的一类脑化学物质。到20世纪70年代时，人们发现氯丙嗪阻断了一种叫多巴胺的神经传递介质的某些作用；丙咪嗪助长了其他几种传递介质的作用，包括去肾上腺素和5-羟色胺；重氮异胺则放大了另外一种叫做 γ-氨基丁酸（GABA）的传递介质的作用。在每种情形，结果都是控制行为情绪的大脑信号发生了改变。

这些发现激发人们去寻找对神经传递介质有同样影响却没有那么多讨厌副作用的其他化学物质。结果发现了患者欢迎的一系列新药。其中最出名的氟西汀（Prozac）起初被认做一种延长5-羟色胺神经传递作用的化学物质，后来证明是治疗重度和中度抑郁症的有效药物。它通过抑制神经对其释放的5-羟色胺的再摄取，延长了5-羟色胺的作用（再摄取本来是中断5-羟色胺信号传递的正常方式），所以叫SSRI（选择性5-羟色胺再摄取抑制剂）。接着，与SSRI相关的药物也出现了，如盐酸舍曲林（Zoloft）、帕罗西汀（Paxil）、氟伏草胺（Luvox）、西酞普兰（Celexa）等。

随着对SSRI经验的增多，精神病学家发现这些药物还能帮助那些没有抑郁的人。如今，SSRI已经成为缓解无缘无故的恐惧（恐惧症）和无法控制的焦虑（一般性焦虑症）的可靠途径 —— 通过与安慰剂的对照试验相比较，证实了它有很好的疗效。

这样那样的新生药物的功效改变了精神病的治疗方法。在这些药物出现之前，多数精神病学家从纯粹的心理学角度来看待他们的病人，喜欢给他们做心理治疗。如今，他们的兴趣转向了大脑，而精神病治疗方法里常常至少包含一种药物治疗。几千万美国人在服用那些药物。

不过，尽管那些药物取代了氯丙嗪、丙咪嗪和利眠宁的作用，但也只不过是原来药物的改进，没有一种在根本上提高了疗效，而且还都有着令人讨厌的副作用。虽然我们已经广泛认识了它们对神经传递作用的影响，但新药的研究还有赖于20世纪50年代常用的那种试错法。

把今天的药物和心理疗法继续改进下去，恐怕也不可能迈出精神病治疗的下一步。未来的进步还有赖于我们去发现人类基因的改变和它们对大脑的影响方式。如果说20世纪前50年引导精神病治疗的是精神分析学家躺椅上的动听故事，20世纪后50年引导精神病治疗的是化学实验室里气味刺鼻的产品，那么，未来50年引导精神病治疗的将是我们对个体的基因差异的认识。

个体的基因差异的认识之所以能给精神病的治疗方法带来那么大的希望，是因为它能帮助我们回答一个基本的问题：什么决定着个体对痛苦行为的易感性？一个人过去的经历显然起着至关重要的作用。可是，为什么有的人能屡经精神磨难，而有的人容易沉浸在痛苦的状态呢？为什么屈服的人，有的堕入抑郁，有的无限焦虑，有的出现依赖药物的戒断综合症，生活在精神分裂的幻觉中？

我们隐约看到的线索是，所有这些痛苦行为模式都在家庭里世代相传。例如，我们来看一个人患精神分裂症的风险。大多数人表现出那种典型症状的概率是百分之一。不过，假如谁的父母或兄弟姐妹是精神分裂患者，那么他在一生中患病的概率就要大八倍。另一种精神病——躁狂抑郁症（也叫双相情感障碍）——的主要起因也是这样的。一般人患病的风险是百分之一，如果父母兄弟姐妹中有人患过这种病，那风险就会大八倍。抑郁和焦虑也是家族性的疾病。

不久以前，这些家族研究引发了一场大争论，争论的一方认为那是已知的家族反常行为模式的证据，另一方则把它们作为精神障碍倾向的遗传证据。现在，多数认为，环境与遗传都起着部分作用。他们也同意，在评估遗传作用的下一步，最好是能发现有关基因的不同可能形式。

认识能达成一致，主要原因是我们发展了强有力的技术，能直接检验人类基因的不同可能形式，即所谓的等位基因或基因变量。这些从DNA结构的随机变化中出现的变量，决定着人类丰富的多样性，包括对某些特殊疾病的不同易感性。但就在不久之前，我们还只能推测它们的存在。新技术使我们能识别那些对人类品性有所影响的基因变量。现在，我们不再争论环境和遗传哪个更重要，而是集中精力去寻找哪些基因变量容易使个体患某个特别的疾病。

寻找的方法之一，是把家族中有那种病的人的DNA拿来跟没病的人做比较。假如只有患病的人才有某个特殊的基因变量，那么基因与疾病的相关性可能就是有意义的。假如同样的变量只是出现在家族中许多其他染病的成员中，那么这个事实就更有力了。在某种情形下，这种可能性是很大的，从而那个变量的作用也就确立起来了。20

世纪90年代，我们完成了人类基因结构的草图，影响对特定疾病的
易感性的某些基因变量，就是通过这种方法识别的。有名的例子是三
个不同基因的变量，每一个都会增大人们在50岁之前患某种罕见的
阿尔茨海默症的风险。在一组家庭，罪魁祸首是一种叫APP的基因的
变量；在另一组家庭是PS1；在第三组家庭则是PS2。[1]

那些增大患罕见阿尔茨海默症风险的基因变量的发现，激发了人
们对精神分裂、抑郁、躁狂抑郁和其他精神疾病的研究。这些研究的
巨大吸引力在于，它们不需要去猜想可能涉及了哪些基因，因为它们
可以发现疾病与人类基因变量之间的关系。尽管过去的很多研究确实
把焦点集中在具体的基因，特别是那些影响神经传递作用的基因，但
我们对精神过程的基因控制还是知道得太少，如果说还有别的基因在
起作用我们也不会感到惊奇。不幸的是，经过多年的努力，我们还是
没有发现哪个基因确定地增大了某个精神疾病的风险；在其他常见疾
病（如糖尿病和高血压）的基因研究也没有多少成绩。没有进步的原
因之一是，决定那些疾病易感性的是多个而不是单个基因的变量的联
合作用。虽然当前的技术使我们能相对简单地识别确实对某些风险起
着主要作用的单个基因的罕见变量 —— 如APP、PS1或PS2 —— 但
我们仍然很难发现那些只有在与大量其他基因共同遗传下来才能增
大患病风险的基因变量。

随着我们对人类基因组认识的不断增长，那个困难很快就能克服。
最近发表的人类DNA结构图迈出了关键的第一步。目前我们正在检

1.这是目前发现的在突变时引起家族性阿尔茨海默症的三个基因：β-淀粉样蛋白前体(APP)、衰
老前素-1(PS1)和衰老前素-2(PS2)。

验来自许多人的DNA样本，目的是对近3万个人类基因的共同变量进行识别和编目。这样，寻找那些可能共同对精神疾病的易感性发生影响的多个基因变量就简单多了。随着详细检验个体DNA的有效新技术的进步，那些寻找正变得更加简单。这些技术正在不断前进中，令人想起正在前进中的计算机芯片。同样，我们用以分析来自这些DNA研究的大量信息的计算方法，也在前进着。

收集和评估大量DNA数据的技术进步了，我们很快就能大规模地去寻找对特殊精神疾病的易感性产生影响的基因变量。随着DNA分析费用的不断下降，我们的研究可以走出家庭的小圈子，对成千上万没有亲缘关系的某种疾病患者的DNA样本进行分析。这样的考察应该可以识别相关的基因变量，而在个别患者身上，只能发现其中的某一个。

为了恰当地使用那么多的基因变量数据，不但需要联系病态的行为模式，还需要联系大脑的性质。许多新的技术，如功能磁共振图像技术，正开始用来评估个体大脑特定区域的功能。基因变量的模式与这样那样的研究结果相结合，能使我们分辨出更多的亚类病态模式，它们在今天的诊断标准里还没有分开，例如精神分裂或者抑郁症。

遗传信息与功能研究相结合，还能为我们指出真正的新药靶向。我们正沿着这条路线去寻求阿尔茨海默症的新疗法。目前治疗阿尔茨海默症的主要药物是通过延续一种叫乙酰胆碱的神经传递介质的作用来改善大脑功能，这种机制跟今天的其他一些药物（如SSRI）的作用是一样的。在阿尔茨海默症的罕见病例中分辨出APP、PS1和PS2，使我们能把注意力集中于其他可能的药物靶向。大脑中的这些被称作"分泌物"（secretase）的酶，参与产生了一种叫 β-淀粉样蛋白的毒性蛋白质片段，这种蛋白的聚集也受着基因变量的不同方式的影响。几家医药公司正在研究抑制分泌物的新药，希望这些新药能减少 β-淀粉样蛋白的聚集，从而阻止大脑的退化。

除了发现新的药物靶向，DNA 研究还能认定某些特别的基因变量，它们能分别哪些人能从现有的哪些药物（如 SSRI）得到好处，而哪些人不能。这些区别，可能是使个体有某种精神疾病倾向的特殊变量产生的，也可能是决定药物对大脑影响的另一些变量产生的。相同的 DNA 数据还可能发现影响个体对一定的药物副作用的易感性的基因变量。所有这些遗传信息将指导我们针对不同患者选择不同的治疗方法。

DNA 数据还能帮助我们重新确定不同精神疾病的界线，它们通常是相互重叠的。当然，它也能帮助我们确定所谓正常和病态的行为模式的界线。把基因变量与脑功能研究、正常心理测试和个人的生活经历结合起来，就有可能以每个患者的个性特征来取代粗略的诊断标准。

50 年后，我们会同今天一样需要心理咨询。有些患者会残废，也许因为觉得自己无用，或者幻想自己无所不能；也许因为莫名的恐慌；也许因为大脑里回响着恐怖的声音。另一些患者可能觉得没有快乐，没有生气，悲观失望，无限焦虑。还有些患者可能只想清点自己的生活。

不过在50年后，去看心理医生的人都将带着一个新的信息源——一个密码，它能使我们进入国家卫生部门计算机的个人DNA文件。在那个文件里存着每个人的基因序列，并且特别提醒需要注意的个人基因变量和组合，它们可能影响一系列不同疾病的易感性，或者影响药物的功效。

第一次咨询可能需要一个小时。三分之一的时间用于常规问答，如个人情况、家庭背景、特殊症状。其余的时间用来进行信息交流。最后，心理医生会拿出一个意见，建议做一些诊断测试，还要求打开患者的DNA文件。

这样的要求在那时不会有什么麻烦。依法建立起来的DNA文件的国家数据库，确保了个人隐私，同时也为专业人员用它来造福社会提供了条件。许多访问心理医生的人都是愿意答应的。当患者来自有某种精神疾病的家庭时，这将有特别的意义：他想知道，自己患病的机会有多大，有没有什么预防的办法。寻医找药的人，会在他们特殊的基因变量组合的引导下决定他的去向。

这样的引导有着特别重要的意义，因为我们那时可能需要在几百种治疗方法中做出抉择。有些方法我们现在已经有了，但将来会更好，对神经传递作用起着更具针对性的作用。另一些将在我们今天关于大脑功能的新认识的基础上发展起来。还有一些则需要等着我们把增大精神病风险的基因变量找出来。

精神疾病的遗传信息不但能改变精神病医生的诊断和治疗，精神病学也将因此而更多影响我们对自身的思考。在20世纪的前50年里，精神病学曾帮助我们发现，我们都受着固有情绪的强烈影响，并从对它们的认识中获得好处。在后50年里，精神病学给我们带来了抑制疯狂行为的药物，说明了我们是如何依赖于像5-羟色胺和多巴胺那样简单的大脑化学物质。影响不同行为模式的基因变量的发现，为每个人的独特的生物学填充了一些重要的事实。在这些基因变量中，尽管可能有很多难以解释的，但一定有一些会成为有用的工具，我们可以拿它们来思索和构造我们自己的生命故事。

巴龙德斯（Samuel Barondes）

巴龙德斯（Samuel Barondes）医学博士，旧金山加州大学神经生物学和精神病学中心主任，Jeanne和Sanford Robertson讲座教授。他还是国家精神健康研究所科学咨询委员会主席。他的作品有《分子与精神疾病》（*Molecules and Mental Illness*）和《情绪基因：追寻癫狂抑郁之源》（*Mood Genes: Hunting for Origins of Mania and Depression*），现在正写一本关于精神病药物的书。

心理疗法和
穿在身上的电脑

N. 艾特柯芙
Nancy Etcoff

哲学家布伯（Martin Buber）在自传《我的哈西德之路》（*My Way to Hasidism*）中[1]，讲了他1910年在布科维纳遇到的一件事情。那时他刚做完演讲，正在一家咖啡屋休息，一个中年男子（他只知道是M先生）向他走过来：

> "博士，"他说，"我有一个女儿。"停了一会儿，他接着说，"还有，还有一个小伙子。"他又停了一会儿，"他是学法律的学生。他以优异的成绩通过了考试。"又停了一会儿，时间更长……"博士，"他问，"那人可靠吗？"我很惊讶，但觉得不好拒绝他。"哦，M先生，"我向他解释，"从你的话，当然可以认为他是一个刻苦能干的人。"他又进一步问，"可是博士，"他说，"他也有好的头脑吗？"
>
> "那就更难说了，"我回答说，"但不管怎么说，仅凭

---

1. 哈西德派（Hasidism）是犹太教的一个派别，重视情感价值和虔诚，也主张快乐和积极的爱，奥修说它是"犹太教的精华"。Martin Buber（1878 — 1965）生在维也纳，犹太哲学家、神学家和社会活动家，20多岁就成了哈西德派。他最有名的著作是关于"对话哲学"的《我和你》（*I and Thou*）。人生活在两种基本关系中间：我–它（人与周围事物）关系和我–你（人与人）关系。在他看来，人与人之间的关系不过是人与神"相遇"的反映，人是可以与神对话的。《不列颠百科全书》称他对20世纪人类生活产生了深远影响。

刻苦是不会成功的，他还需要一定的头脑。"M先生又停了一会儿，然后问，显然是最后一个问题了："博士，他现在该做法官还是律师呢？"

"这件事情我没有什么可说的，"我回答说，"我不认识那个年轻人，实际上，我从来没有听说过他，在这个问题上我提不出什么建议来。"M先生用几乎悲哀失望的眼光看着我，一半抱怨，一半理解。接着，他用难以言状的语气，无奈而谦卑地说，"博士，您是不想说。"

每个星期有两个下午，当我离开有序的世界，走进疯狂隐秘的心理治疗的世界时，常常会想起布伯的故事。我跟病人的对话充满了戏剧性，幽默而痛苦。他们有问不完的问题：

"我是不是应该离开妻子？"
"我是不是性迷恋者？"
"我为什么老觉得疲惫？"
"我是不是该停止跟我兄弟说话？他总是冒犯我。"
"我怎么知道自己会不会因为触摸音像店里的CD而被污染呢？"
"我怎么才能确信不会伤害我的小宝宝？"

因为这些问题，我想回到实验室，做一些计算，描绘某些更基本的大脑功能区域。它们也令我感到无能，想知道我们的谈话怎么才能有所帮助。

21世纪到来时，我们比以往任何时候都更多地认识了大脑的网络、思想的计算和隐藏在人类基因组里的密码。尽管把这些研究转化为有效的治疗方法大有好处，但大多数的进步还有待于未来。神经科学得意忘形的时候，是精神病学垂头丧气的时候，也是临床心理学谨慎乐观的时候。如果目前的趋势发展下去，50年后就几乎不会有精神病医生了。医学院里选择精神病学专业的学生比1929年以来的任何时候都少了。调查结果说明了原因：他们觉得精神病学对病人没有多少帮助，在智力上也没有多大的挑战性，声望不高，而且报酬比其他专业的少。

不过，潜在的病人最好还是清醒一些。在群体调查中确诊有精神问题（根据《精神障碍诊断与统计手册》第四版确定的诊断标准）的大多数人并不接受治疗。有些人没有把他们的症状与精神障碍联系起来。许多人说，他们能靠自己解决问题——或者靠家人和朋友的帮助，或者靠祈祷、休息、锻炼，靠维生素、镇痛药、烈性酒。有的人没有医疗保险，有的人感到羞怯或者害怕担上精神病的名声。不过有一项调查提出了不同的问题：大约一半受调查者报告说，他们不太相信标准的精神病治疗方法，如药物和心理治疗。精神治疗医师并不缺少病人，但是在向他们求助的人当中，许多人只是"疑病"[1]——他们不能被诊断为任何精神病。

这个问题还将变得更加尖锐。德斯加莱斯（Robert Desjarlais）和

---

1. 疑病的英文很形象，worried well，没病的人总怀疑自己得了病（特别是可怕的大病，如艾滋病），那样的人仿佛生活在忧虑的深井里。这个词虽然不是严格的医学术语，但在专业文章里已经广泛流行了。

哈佛大学社会医学系的其他人员在他们的报告《世界精神健康：低收入国家的问题和任务》（1995）中预言，患精神障碍的人数将在全球迅速增长，部分原因就是人的寿命更长了，活到一定的年龄时，患某些疾病的风险也大了。到2020年，抑郁症将成为仅次于缺血性心脏病的第二大致残因素。对日益增多的抑郁，人们把原因归结为我们周围发生的所有事情，例如与社会的隔绝和社会角色的失败，全球食物结构的改变（如低 Ω−3 脂肪酸），诊断标准和评价方法的改变以及许多虚报的抑郁患者人数（因为像氟西汀那样的药很难卖给精神病医生和病人）。

　　我不是未来学家，不过我还是想为21世纪的心理疗法做些预言。当前的不满是一个很好的信号，它预示着全方位的变化。我从我认为不可避免的理论重心的转移说起，最后就未来可能的精神疗法谈几点预言。当然，我还要说，即使未来的氟西汀很好用了，人们还是愿意谈话的。

知识的融合

　　有一点很容易预言：把先天遗传或后天环境作为绝对唯一的影响因素的思想，跟其他无用的老观念一样，将被扔进垃圾堆。精神病学的问题不可能是单个基因或单个神经传递介质（如5−羟色胺、多巴胺等）引发的。看见"原初场景"或者发现女孩没有阴茎，都可能引发精神问题。[1]大多数障碍的根源都在于基因与"环境"的复杂的

---

1. 原初场景（primal scene）是婴儿被大人诱惑的场景，是弗洛伊德假定的一类精神病根源。

相互作用 —— 这里的环境覆盖了所有的非基因因子，也包括随机作用。作为概率风险因子发生作用的多个基因很可能会影响大多数的精神障碍。

还有一点进步，虽不那么显而易见却是不可阻挡的：精神病学家们如果还认为大脑与他们的作为无关，就要惹麻烦了。50年后，思维与大脑的研究不会像今天这样，属于分离的研究部门或专业。19世纪精神病学与神经学之间发生了恶意的领地争端，结果，大脑及其"器官"和"神经"的障碍划给了神经学，思维及其"功能"和"精神"的障碍划给了精神病学。不过，所有的精神过程当然都发源于大脑的计算，于是思维和大脑的研究都是一个连绵的知识整体的组成部分。

对于那些不能想象与神经科学亲密共处的心理分析学家和人道主义临床医学家，我请他们想想人的大脑 —— 从普通的眼光看，它是公认的缺乏美感的东西；然而走近来考察，它却美妙无比。这个1千克多重的器官 —— 包裹着数十亿神经元，同银河系里的星星一样多；20万个突触联络把那些神经元彼此联系在一起 —— 是宇宙间最复杂的结构。有的科学家用脑图像仪器来观察记忆、想象和欲望时刻的大脑，在他们看来，大脑是令人敬畏的。但是依然存在一个大问题：血液的涨落和复杂的联系网络如何成为我们感觉的经验和我们思想的内容？这正是未来50年将要困扰我们的问题。正如遗传学家雅各布写的，[1] "即将结束的世纪已经被核酸和蛋白质抢占了。下一个世

---

1. 雅各布（Francois Jacob，1920 —）是法国细胞遗传学家，1965年"因有关酶和病毒合成的遗传调节方面的发现"而与Andre Michel Lwoff和Jacques Lucien Monod共享诺贝尔生理学或医学奖。这句话是他在《苍蝇、老鼠和人》（Of Flies, Mices, and Men）一书的最后说的。

纪关心的是记忆和欲望。它能回答它们提出的问题吗？"

　　脑科学与心理治疗的实践有什么关系呢？有人说过（最强有力的是神经生物学家坎德尔[1]），心理治疗不仅改变我们的思想，还改变我们的大脑 —— 真的。有效治疗发生作用的方式和机制，跟其他任何形式的强化学习是一样的：它改变基因的表达，从而改变突触联络的强度并产生改变大脑神经细胞联络模式的结构变化。可能有人觉得这跟专业音乐家的训练有些相似。神经学家帕斯库尔–利昂（Alvaro Pascual-Leone）指出，专业音乐家的大脑在训练时会产生功能和结构的改变，那些改变可以通过神经成像技术来证实。他进一步提出，激烈的智力演练也都可能产生这样的改变。

　　越来越多的研究通过观察治疗前后的脑图像来对比精神治疗与药物（如氟西汀）治疗的效果。这些研究已经针对 OCD（强迫症）和严重的抑郁症做过了。研究发现，当两种治疗方法都有效时，它们会产生相同的大脑变化。研究似乎说明复杂的心理学变化最终有着相同的路径。将来，只要扫描病人的大脑，我们就可能解决表面看来不可能解决的难题：如何确定治疗是否有效？该在什么时候终止治疗？

弗洛伊德走了，达尔文来了

　　在弗洛伊德理论的影响下，从 20 世纪 40 年代至 70 年代（有的甚

---

1. 坎德尔（Eric Kandel, 1929 —）出生在奥地利，现在是哥伦比亚大学神经生物和行为科学研究中心主任。他长期通过无脊椎动物海兔来研究记忆的分子生物学机制，获 2000 年诺贝尔生理学或医学奖。最近，他和他的伙伴们发现一种新的与学习性恐惧有关的脑电活动，有可能使我们以分子遗传学的方法来治疗那种恐惧。

至直到今天），心理治疗专家都想当然地认为，精神疾病源于很早的儿童时代，因此在治疗中必须重构遥远的过去 —— 可是有限的记忆担不起那么沉重的任务。阿伦（Woody Allen）在影片《安妮霍尔》里通过辛格（Alvie Singer）这个角色，嘲笑了他15年的分析。[1]"我想再做一年，我也该到洛德斯（Lourdes）去了。[2]"精神分析学家们借了一句话（"你不可能用勺子挖通苏伊士运河"）来说明那任务确实太艰巨，需要很长的时间。但研究并没有证实儿童时代的创伤是任何精神障碍的根源；即使创伤后压力障碍（PTSD）也可能源于长大以后的经历。虽然微观分析病人的早年经历也许能揭示某些东西，但今天的认知科学却说明记忆是可以塑造的。大脑就是通过遗忘、阻滞和偶然的错误记忆在运行的，我们在一般情况下服务良好的记忆系统，都要付出这样的代价。

神经病学家斯通（Alan Stone）在他1997年的一篇文章《哪里还将留下精神分析？》中得出这样的结论："不论作为理论还是实践，精神分析都是属于人文而不属于科学的艺术形式。它距离文学比科学更近。"如果说弗洛伊德让栖居变成人文和艺术，那么达尔文则走进了行为科学和医学。50年后，达尔文的医学将为这个领域搭起一个框架。大脑和其他人体器官一样，在自然选择中形成，然后演化出精神的模块，增强繁衍的适应力，从而保证生存和延续。心理治疗实践的中心将从疾病转向疾病的易感性，从症兆转向适应性反应，从单纯的个体

---

1. Woody Allen 是美国有名的导演和演员，《安妮霍尔》（Annie Hall）1977年获Oscar最佳影片奖，这是一部自传性的影片，却没有完整的故事情节。主人公艾维辛格和安妮霍尔在网球场结识，然后相恋、同居，最终分手。艾维既缺乏安全感，又经常在事物两个极端之间徘徊，永远在自嘲和自省之间，在嘲笑别人时，自己也犯上同一类错误，讽刺了美国知识分子的犬儒态度。
2. Lourdes是美国有名的医院，纽约有Lourdes医院，新泽西还有Lourdes医疗中心。

的病史转向人类共同的经验。

　　某些精神疾病的流行可以追溯到诱病基因所带来的健康好处。躁狂抑郁症就是一个例子：与轻度躁狂相关的活力、创造力和魅力，能为某些得病的人，或者虽然没有得病但基因仍然起着有益作用的人，带来健康优势。其他疾病可以理解为大脑的某些模块出现了问题 —— 模块也就是系统，例如（在精神分裂中）通常区别我们自己与别人的行为的系统，或者（在孤独症）使我们理解别人的倾向和感觉的系统。某些症兆可能是为了平衡现代环境与祖先环境之间的不对称，也可能只是过分的正常反应。例如，我们知道的一般性焦虑可能演化为对不确定危险的反应，而恐惧症则可能演化为对特定危险（如流血、登高和毒蛇）的反应。PTSD患者常常回忆起那可怕的一幕，这也许是痛苦的，但它能唤起人们警惕威胁生命的危险，从而在未来避开那些危险。轻度抑郁可能起着适应的作用，在困苦的时候积蓄力量，在需要帮助的时候向别人发出信号，在安静的时候能重新评价自己的目标。当个人不能或不愿与他周围的人对立时，轻度抑郁也可能是屈服的信号。

　　从进化的观点看，悲伤、恐惧、愤怒、厌恶、羞怯和愧疚都是为了适应和防御；就像咳嗽、老茧和疼痛，都起着良好的作用。它们也可能是非常有害的，因为它们的作用服从密歇根大学精神病学家内斯（Randolph Nesse）所谓的"烟火探测器原理"：错误警报总比没有警报好。我们的环境比祖先的环境安全多了 —— 我们远离了传染病、营养不良、吃人的野兽和自然的灾难。也许，有讽刺意味的是，今天处在焦虑重压下的人们更能适应遥远过去的环境。

进化论的解释提出了有关治疗的重要问题。假如某些症兆（如恐惧）起源于生物学，是不是意味着不可治疗呢？不是那样的。对血、蛇或其他动物的恐惧，经过几个小时的暴露治疗[1]都能消除。不过，虽然强迫性障碍、抑郁、惊慌和恐惧有着明显的危害，能通过治疗来缓解，但轻度的焦虑和抑郁，却可能最终是有用的。这些痛苦的状态能帮助我们改变生命的过程，怀疑自己或他人的决定，与朋友和家庭和睦相处，避免危险。正如内斯说的，通过药物来增强社会的免疫力，使它没有悲伤和失落的感觉，也许不是什么好事。

在另一个范式转移中，健康的研究将变得与疾病的研究一样重要。我们将看到，在从实证心理学到分子遗传学的诸多领域里，科学家们研究什么在危难的时刻保护我们，什么在为我们抵御紧张，什么基因、环境或性情可能影响健康。"精神健康"不再是错误的名词，因为它的领域将不仅仅是研究疾病。

从心理治疗到可穿戴的电脑

传统的精神动力学治疗的核心是患者与医生之间的关系。弗洛伊德唤起我们文学的想象：精神分析的对话贯穿了人的一生，开创了令人满意的意味深远的人物传记。正如斯特拉奇（Lytton Strachey）在《维多利亚名人传》（*Eminent Victorians*）的前言中写的，传记是"一

1.让病人暴露在各种刺激环境下，在反复暴露中取得适应，从而消除应激反应，是治疗恐怖症和强迫症等神经症最常用的行为疗法。暴露疗法适用于绝大多数焦虑性障碍，对抑郁症是否有效，还存在争论。

切文艺分支里最能深入人性的 ”。[1] 但是，即使没有保健组织（HMO）的帮助，也一定有别的手段来取代悠闲的精神分析法。人们批评精神分析是 “用于不确定问题的没有确定结果的不确定技术 ”，对大多数在精神重压下的病人来说，它从来就没有意义。

　　谈话治疗的未来如何？对话的内容是什么？多数时候，心理治疗都以问题为中心，在手册的指导下进行。它很简短，立足当前的状况，依赖于过去证明对某些问题有效的技术。做这种治疗的，可能是心理学家（他们将来会有处方权）或社会学工作者，或者偶尔还有精神病学家。医生的热情和关心很重要，不过治疗不在于关系，而更多地在于信息的交流。治疗的场所可能随时变化，不一定总是面对面的。越来越多的治疗可能会远距离实现，例如通过教育、自我诊断和治疗监测的互联网；通过掌上向导（Palm Pilot），它能告诉我们在恐怖袭击的时候应该做什么；还可以通过戴在身上的器件。心理治疗将不再只有谈话而没有行动。在长期太空旅行的计划中，美国国家航空航天局（NASA）正投资制造能发出抑郁、焦虑或疲惫信号的服装。正如宇航员里莱乌闵（Valery Ryumin）说的，“ 把两个男人关在一个仓里，让他们在一起生活两个月，就可能出人命。”[2] 预警响应工具能预报宇航员应该什么时候停止工作，什么时候接受不同的治疗，告诉他 “ 听你的认知行为治疗磁带 ”“ 服抗抑郁药 ”，或者 “ 休息一会儿，三个小时以后再来测试 ”。地面的患者想退出治疗，也可以通过这种工具的信号

---

1. 斯特拉奇（1880 — 1932）的《维多利亚名人传》（1918 年出版）为英国维多利亚时代的四个名人（Cardinal Manning, Florence Nightingale, Dr. Arnold, General Gordon）做了新传，让名人回到凡人中间，也使传记回到文学艺术。这是一部影响 20 世纪传记文学的经典著作，作者自己写的前言成了这种 “ 新传记 ” 的宣言书。
2. Valery Ryumin 是俄罗斯宇航员。美国《发现》杂志 2001 年 5 月号在《我们能到达火星而不发疯吗？》一文中也引用了这句话。

来监测自己是不是旧病复发了。

　　未来的计算机也许能识别我们的情绪。固定在我们的衣服、首饰或者眼镜上的那些小机器，可以通过我们想象不到的参数来监测我们（例如，拿眨眼的次数或额头上的一道皱纹来跟我们正常的基本数据进行对比），而植入体内的器件可以监测我们内部的活动。麻省理工学院（MIT）媒体实验室的皮卡德（Roz Picard）1998年在《大西洋月刊》的一次访谈中提出，情绪传感的可穿戴电脑将"提取你表面的气味和隐藏的气息 …… 它们将跟内衣一样，不可能与人共享，从而成为真正的个人计算机。"这样的话，它们也许更像戴在身上的临床医生，而不像女人的内衣。[1]

　　将来我们可以喝药物的鸡尾酒，为什么还为心理治疗烦恼呢？假如药物能减轻令人残疾的顽症，多数人当然愿意选择它们。但是多数研究表明，药物对一些人有效，心理治疗对另一些人有效，而两者的结合才是最好的。药物控制征兆，而心理治疗帮助人们解决问题，学会解决方法 —— 更不用说人们更喜欢在心理治疗的同时继续服用药物。对许多人来说，单纯的心理治疗还是最好的选择，它跟药物治疗一样对大脑产生作用，而且几乎一样快，却不需要花多少钱，也没有副作用或潜在的危险。另外，药物似乎只有在服药的时候起作用，而谈话治疗能通过学习保持长久的影响。

　　有时候，未来的治疗也可能很像传统的治疗。缺乏面对面交流的

---

1. 2000年，美国Charmed 技术公司在伦敦互联网世界大会上让一个女模特展示了一种可穿戴的电脑：她头戴显示屏，腰间挂着主机，手上拿着无线鼠标。

简单治疗可能对某些人起不了什么作用 —— 也许正是那些在今天没能从心理治疗得到好处而需要长期甚至永久治疗的人。对他们来说，真正有效的治疗应该是联合一个临床医生，一个能帮助他们过安定生活的医生 —— 关心他们，认真听他们的话，用心与他们交谈，为他们提供一个安全的港湾，让他们走出孤独的生活，使他们感觉到一个共同的目标。在未来的世界里，精神恍惚的人们游荡着、寻求短暂的归宿；到处可以看到大脑的扫描和大脑的激发，然而改变我们认识世界的方式的对话，还将继续进行下去。

艾特柯芙（Nancy Etcoff）

　　艾特柯芙（Nancy Etcoff）是哈佛大学医学院、麻萨诸塞州普通医院精神病学科和哈佛"思维－大脑－行为行动"成员。艾特柯芙博士对美、情绪和人类面部的研究曾发表在《自然》《认知》《神经元》等科学杂志，被普及读物广泛引用，赢得过许多奖励。她也是《漂亮者生存》（*Survival of Prettiest: The Science of Beauty*）[1]的作者。

1.这是一本在日本、韩国和中国都很畅销的书（中译本，盛海燕、刘雪芹、张进译，中国友谊出版社，2000）。书的最后，作者让我们记住女作家、"精神美女"艾略特（George Eliot）的话："让我们赞美和尊敬神圣的形式美！让我们在男人、女人和孩子身上、在自己的花园和房子里培育美直到尽善尽美的程度。但同时也让我们热爱另外一种美：这种美的秘密不在于比例，它存在于人类深深的同情心。"

征服疾病

P.W. 埃沃德

Paul W.Ewald

疾病是什么引起的？这个问题太基本了，现代技术那么复杂，专家的承诺又那么自信而超前，外行的人一定以为疾病的起因已经得到了很好的认识。不是的。为了把握许多吞噬生命的慢性疾病的起因，如心脏病、卒中、阿尔茨海默症、精神分裂、癌症和糖尿病，今天的医学还在努力奋斗着。在未来50年，我们的生活质量将依赖于我们能在多大程度上控制这些慢性疾病。

跟所有生命现象的情形一样，我们可以在机械论的意义上（"产生疾病的病原体是什么？"），也可以在进化论的意义上（"导致疾病的选择性压力是什么？"），考虑起因的问题。在机械论的意义，教科书上罗列的那些疾病，大约只有一半的起因形成了共识。机械论的起因可以分成三种：遗传的影响、寄生（包括感染）的影响和非寄生的环境影响（如辐射、过多或过少的特殊的化学物质）。

健康科学的多数专家都提倡以一种积木式[1]的方法来解决起因问题。他们试图通过在细胞和生物化学的水平上认识疾病的行为，从而

---

1. 积木式的方法就是在不同的层次和对象上研究一个问题，然后把研究结果综合起来，希望它能最后解决那个问题。计算机技术的模块组合，就是一个典型的例子。

获得最后的解决。这是很诱人的想法，但还没有产生任何重大的医学进步 —— 重大的进步指的是决定性的解决，而不是零碎的修补。托马斯（Lewis Thomas）30 年前在"医疗技术"一文里讲的话，今天仍然是正确的：医学实践的绝大多数，从器官移植和搭桥手术到多数癌症的治疗，都是些修补的解决办法，或者只是意义不大的支持性治疗。[1] 专家们认为，今天的病不像过去那样好治，我们所能希望的最好结果大概也只有修补了。不过事实似乎不是那样的。对一些最近认为不可救药的疾病，我们还会继续发现一些决定性的解决办法。这些方法一般依赖于我们对感染原因的认识。例如，在过去 20 年，通过检测输血者的乙型和丙型肝炎病毒，通过使用乙肝疫苗，成千上万的人躲过了肝癌和肝炎的危害；胃溃疡和胃癌现在也能用抗生素来治疗。

不过，即使在感染性疾病中，[2] 基础性的成就也更多地来自演绎推理，而不是积木式的归纳法。詹纳（Edward Jenner）在 200 多年前建立现代接种疫苗时，还没有认识病毒；[3] 半个世纪以后，斯诺（John Snow）和西莫威斯（Ignaz Semmelweis）建立现代流行病学时，从没见过细菌，他们说明的是感染性疾病如何传播，如何通过阻断传播来预防。甚至李斯特（Joseph Lister）在证明手术器械杀菌作用的时候，也没有见过细菌。埃尔利希（Paul Ehrlich）和弗莱明（Alexander Fleming）在建立抗生疗法的概念、实践抗生疗

---

1. 20 世纪，很少有像托马斯（1913 — 1993）那样能沟通科学与文学的医生。他写过很多科学趣味浓厚的蒙田式的散文，有名的如 The Lives of a Cell-Notes of a Biology Watcher,《第一推动》丛书已经有了《细胞生命的礼赞》。
2. Infectious diseases 过去通常译作"传染病"，现在认为传染病（communicable disease 或 contagious disease）只是感染性疾病的一类，应该放在感染性疾病的大环境下来研究。
3. 中国在宋真宗（998 — 1022）时大概就知道种牛痘预防天花了，不过要留下疤痕。1796 年 5 月 14 日，英国乡村医生詹纳（1749 — 1823）从一个挤奶姑娘的痘疮中取出痘浆，接种到一个 8 岁男孩的胳臂上 —— 天花疫苗就是这样发现的。

法的时候，根本不知道化学物质是通过什么机制来抑制细菌生长的。[1] 这段历史说明，为了解决可能产生系列决定性突破的概念问题，我们需要超越指导现代医学的积木方法。途径之一，就是以进化的观点来认识疾病的因果关系。

进化论的解释最终建立在遗传因果的基础上。于是，我们可以以为，进化论医学主要是在人类遗传的背景下解释人类疾病。进化论医学确实在做这样的解释。例如，慢性病就是用衰老理论来解释的：自然选择倾向那样的特征，年轻时它们有利于个体成长，年老时它们成为负担，自然选择的作用也弱了，因而身体也崩溃了。另外，慢性病也可能源于环境的不对称：现代的环境跟过去决定人类基因形成的环境是大不一样的。第三个主要的原因是感染：慢性病可能是因为某些感染性病原体隐蔽地破坏了组织，最后通过一系列严重的疾病表现出来，如心脏病、癌症或阿尔茨海默症。这种可能性不会否定最终的基因背景下的进化论解释的意义，不过它提醒我们不能把慢性病的因果假定完全限定在人类的基因，还必须考虑寄生者的基因。

我的同事科克兰（Gregory Cochran）和我曾经强调，对具有普遍破坏性的慢性病来说，在进化论观点下考虑的证据中隐含着感染的作

---

1. 西莫威斯（1818—1865）是匈牙利产科医生，证明了产褥热源于不清洁的医生的手和器械。通过消毒，产褥热的死亡率显著降低了。但是他的发现受到当时保守势力的嘲笑，最后因神经错乱而自杀了。李斯特（1827—1912）是英国外科医生，也是微生物学家。1865年，他从一个化学家朋友处得到一些石碳酸，用来浸泡绷带，这是外科手术消毒杀菌的第一次试验。现在常用的"李斯特灵"消毒水，就是以他的名字命名的。埃尔利希（1854—1915）是化学疗法的创始人，1908年，他与俄罗斯 Ilya Ilyich Mechnikov 一起，因为在免疫研究上的贡献获诺贝尔医学或生理学奖。1910年，他发明了治疗梅毒的洒尔福散（Salvarsan）。弗莱明（1881—1955）是英国伦敦圣玛丽医院的细菌学家，他在1928年发现了青霉素（历史上第一种抗生素），但他没有方法把它提纯，到了1943年青霉素才开始用于临床。

用。假如这些病都是有缺陷的等位基因引发的，那么基因的突变率一般应该很低，这样疾病发生的频率才可能总是我们看到的那样。人类生存和疾病发生的模式并不满足衰老的"取舍（trade-off）"模型。尽管在原则上新的环境因素也是可能的，而且在某些情形还很重要（例如吸烟导致的肺癌），但是，非感染性的环境作用一般不能充分说明疾病发生的模式。把感染的作用考虑进来，我们就能很好解释大量记录在案的疾病流行模式，这样做也符合进化论的原理。因为，宿主和寄生的病原体之间基因的利害冲突，可以将疾病状态无限期地保持下去。在短时间里，对某种特殊病原体的遗传易感性会像坏基因一样被自然选择淘汰。不过，跟坏基因不同的是，在长时间里，对感染性疾病的遗传易感性在协同进化的"博弈游戏"中不断变化着。[1]自然选择淘汰了对病原体的遗传易感性，留下的是有办法抵御那个病原体的宿主群。这些办法反过来又促进了病原体群的对抗方式的演化，游戏就这样无限进行下去。

进化生物学的许多问题解决起来都很慢，因为问题太复杂，试验很困难，还缺乏经费。相反，慢性病的原因也许能较快得到解决——不是因为健康科学的传统学科的研究者会急着根据进化论来考虑他们的问题，而是因为他们眼下正在争论，在热情地研究慢性病的感染原因。有了进化论的背景，有了医学研究的进步和积累的证据，我想，在未来50年，大家会相信那些常见的高危慢性疾病——精神分裂症、糖尿病、阿尔茨海默症、大多数癌症和大多数生殖问题——都是感染引发的。

---

1. 这句话的意思是说，在同一个环境下存在的相互矛盾的两个因子，就像博弈游戏中的双方；协同进化的过程就像博弈游戏的过程。

可是这个预言是相当软弱的。我大概等不到能评判它的时候让别人来批评我错了。如果进化论的方法对疾病的起因真有意义，我们应该能够担起挑战的风险，去确定哪些疾病在未来几十年可能被认为是感染的结果。下文中的表列举了最重要的一些慢性病，还注明了年代，我猜想到那个年代我们可以接受它们是感染引发的。为了能检验我的预言，我提出一个"接受"准则：那个年代到来前5年出版的医学教科书，至少有四分之三会把它们作为感染引发的疾病。

如果假定人们主要是凭证据的质量来接受哪些疾病是感染引发的，那就等于过分加强客观评价的分量。只要我们在恰当的范围内检验假说，证据越多当然越有帮助。但我们也许永远不会得到顽固的反对者们要求的那种感染证据，因为对残存的大多数感染引发的慢性病来说，不可能获得感染原因的绝对证明。例如，在过去的四分之一世纪里，医学界已经公认疱疹病毒8引发了卡波西（Kaposi）肉瘤[1]，人类T细胞白血病病毒（HTLV-1）引发了成人T细胞白血病。但同样质量的相关证据对动脉硬化症来说却是不能接受的，主要是因为多年的研究和专家对那种病的意见形成了不同的既得利益，阻挠了接受的步伐。摆脱这些阻碍还需要时间。这应了达尔文、普朗克（Max Planck）和库恩（Thomas Kuhn）的论断：相当比例的老卫道士们将不得不退却或离开，相当数量的没有任何既得利益的年轻人正走上舞台，他们一定会成熟起来，产生影响，打破专家们的意识的平衡。我想，到2015年时，在动脉硬化和阿尔茨海默症问题上可能会这样。这里还有一点黑色幽默的东西：病原体在这个过程的作用是，谁驱除它们，它们就

---

1. 卡波西肉瘤是发生在皮肤上的紫色斑点，30%到50%携带疱疹病毒8的HIV（爱滋病病毒）感染者最终将患卡波西肉瘤。这种病毒多见于同性恋者。

驱除谁。

　　表中的预言以过去的转变为指南，但是没有简单地认为从第一个令人信服的证据出现到人们接受它，会经历相同的时间。另一个考虑是我们从现在接受的感染性疾病出发会跨出多大的一步。我想，某些头颈部肿瘤的感染原因可能会比动脉硬化症的感染原因更快地为人们所接受，尽管现在关于前者的证据更不完整。我们优先考虑的是主要原因。人们已经相信，头颈部肿瘤的可能病原体（人乳头瘤病毒）是宫颈肿瘤的原因；而且，关于那些癌症（如成人 T 细胞白血病和卡波西肉瘤）的均衡考虑，已经没有强大的既得利益的障碍了。同样，

表　　　　　　　　不同慢性病的感染因果认定时间预测

疾病名称	可能的病原体	接受时间
多发性硬化	肺炎衣原体，人疱疹6	2010
2型糖尿病	丙型肝炎病毒（次要原因）	2010
2型糖尿病	未知（主要原因）	2025
头颈部肿瘤	人乳头瘤病毒	2010
鼻咽癌	EB（Epstein Barr）病毒	2010
小儿白血病	未知	2015
乳腺癌	小鼠乳腺病毒，EB病毒	2015
动脉硬化症	肺炎衣原体，牙龈卟啉单胞菌，巨细胞病毒，放线共生放线杆菌	2015
阿尔茨海默症	单纯疱疹1，肺炎衣原体	2015
精神分裂症	弓形虫，单纯疱疹2，内生反转录病毒，波纳病病毒（BDV）	2025
双相抑郁症	BDV	2025
前列腺癌	未知的反转录病毒	2025

假如将来认为肺炎衣原体是隐藏它的某种主要慢性病的原因 —— 动脉硬化症、中风、阿尔茨海默症和多发性硬化 —— 那么，反对它作为其他疾病的原因的障碍，就会像多米诺骨牌一样坍塌下去。不过，在这种情形，共性不在于组织型，而在于一种共同的诱病基因 —— ε-4等位基因，它是跟增大的肺炎衣原体的易感性联系在一起的。

人们似乎普遍地特别顽固地反对癌症的感染原因。从实际的证据看，这些阻力令人惊奇，因为医学研究者们已经承认，大约15％到20％的人类癌症（25年前还不到1％）是感染的结果，而没有几个癌症病例（不到5％）能排除感染的因素。1910年，劳斯（Peyton Rous）证明病毒可以在小鸡身上引发癌症[1]，大约那时以来，人们就在争论人类癌症的感染原因。20世纪70年代末，感染原因的最坚决反对者们宣扬他们胜利了，那时确认了致癌基因和非感染性致癌物质的作用，从而获得了一个可能的机制。他们还在继续宣扬胜利，不过人数一年比一年少了。他们犯了一个逻辑错误，错把支持一个机制的证据当成反对另一个（与它相容的）机制的武器。疾病的这三种原因经常是共同发生作用的。

跟动脉硬化和癌症的情形一样，严重精神病（如精神分裂和双相情感障碍）的感染原因，由于专家们的利益争夺，肯定也要拖到很久以后才能被接受。除了这一点，精神疾病是人类特有的，很难为感染原因做出实验的证明。我们怎么知道小老鼠什么时候在幻想还是患了

---

1. 半个多世纪以后（1966年），劳斯获得了诺贝尔生理学或医学奖，因为他"发现了第一个可引起动物实质肿瘤的病毒，从而开辟了一个研究肿瘤与病毒关系的新领域 —— 这领域不但对了解肿瘤成因，而且对了解正常细胞如何转变成肿瘤细胞也十分重要"。

偏执狂、抑郁症或躁狂症？为了反驳这种观点，可能有人会提出我们以前关于梅毒患者的精神错乱的认识。不过，它的感染原因之所以容易被人接受，是因为研究者们早就把那种精神错乱跟梅毒联系起来了。一旦承认了梅毒是感染引发的，专家们自然会承认患者的精神错乱也是感染引发的。于是，梅毒患者的精神错乱被当然地隔绝在精神病范围内一个孤立的感染因果的圈子里。今天那些原因不明的精神病还没有与能清楚认定的急性病联系起来。在这个意义上，它们更像成人T细胞白血病和卡波西肉瘤，而不大像梅毒患者的精神错乱。既然这样，我为什么还那么乐观地认为精神分裂的感染原因会很快得到承认呢？流行病模式明显牵扯着感染的原因。例如，精神分裂病人似乎多出生在暮冬和早春，这意味着精神分裂症可能是在出生前或刚出生的时候，由暮冬和早春盛行的某些感染性疾病引起的。我们还发现它们与某些可能的病原体有着重要的关系，这也牵扯到感染的原因。例如，最近的研究表明，在精神分裂症患者中，42％的人对寄生在大脑的刚地弓形虫呈阳性反应，而在对照实验的健康人群中，只有大约11％。10年前不承认精神分裂症的感染原因的专家，现在也认真看待这种观点了，有几个实验室正在积极研究这种可能性。在我看来，所有这一切都意味着，在未来10到50年里，旧势力的退却和离开，一定能打破过去的认识平衡，在很大程度上使我们接受精神分裂的感染原因。

在未来50年，紧跟关于病原体的发现，我们将针对感染引发的慢性病开发疫苗。假如一个病原体不是特别易变的，疫苗就会特别有效。于是我们可以预料，DNA病毒（如人乳头瘤病毒）会比RNA病毒（如艾滋病病毒HIV）更容易得到控制。将来像这样去把握疾病，不需要开发什么根本性的新技术。我们知道，恰当的疫苗能预防疾病，正确的抗感染作用能治疗疾病，防止感染性疾病的流行和危害。我们已经知道，中断传播链可以防止个人染病，有时还能防止疾病在整个人群中传播。为了以这样的方法解决新发现的感染因子，药物跟踪记录是行之有效的。

对感染性疾病来说，进化的原因主要关系着致病力的演变：寄生的病原体因为什么而演变为良性的、恶性的或居于两者之间的？问题的答案有望为我们带来第三种控制感染性疾病的方法。那就是，除了治疗感染、抑制感染的扩散，我们还应该能控制病原体的演化，从而把威胁生命的恶魔转化为友好相处的伴侣。理论和现有的证据说明，对每一类主要的疾病，至少有一种干预的办法能做到这一点。我想，在接下来的四分之一世纪里，我们能看到第一个成功演化的例子——例如，也许是通过疫苗的巧妙运用，也许是在贫困国家阻止腹泻病原体的水路传播。还有一个悬而未决的问题是对抗生素抗性的控制：越是良性的病原体，抗生素用得越少，抗生素抗性的演化也越弱。如果我们能控制致病力的演化，那么我们也应该能控制抗生素抗性的演化。

如果说医学的历史是一个指南，那么，第一次成功将激励我们把同样的方法用于其他的疾病，从而也取得像疫苗、抗生素和卫生保健那样的进步。然而，因为很难预测第一次成功什么时候出现，所以后来进程的时间也很难预测。到世纪中叶的时候，我们也许能使几种疾病，例如某些破坏性的腹泻，从恶性的转化为良性的。但对其余大多数疾病来说，我们仍将处在试验的迷雾里。

　　哪些事情不会在未来50年发生呢？我们朝着决定性控制的努力肯定会遭遇一些阻力。例如，除非出现什么根本的新方法，HIV仍然是一个困难重重的问题；修补式的方法能抑制它却不能解决它——就是说，抗病毒药物和疫苗只能抑制它，却不能决定性地控制它。这种悲凉的前景，源自HIV的遗传适应性；它很容易产生对抗病毒药物的抗性，而且很可能逃脱疫苗的打击。像过去的几年一样，巧妙结合各种抗病毒作用可以提高疗效，但不能根治疾病。我们所能希望的只能是争取时间，延续生命——从抗病毒药物那里争取10年左右没有艾滋病的生活；在感染后立即使用治疗疫苗，大概也能争取10年；通过控制致病力的演化，大概还能争取10年。这几个十年虽然都有意义，但还是不能像我们用药物控制白喉、天花、百日咳、麻疹和脑灰质炎那样，决定性地控制艾滋病——特别是，抗病毒化合物的长久使用，会产生许多可怕的副作用。

　　尽管我们现在担心会突然出现什么新的可怕的席卷全球的疾病，我们还是有理由相信，在未来的半个世纪，像艾滋病那样的毁灭性疾病的恐慌，也许没有，也许有一个——很可能没有。一个多世纪以来，地球上相隔遥远的人，比以往任何时候都更快地融合在一起了。人的融合必然使我们在今天面临着几乎来自世界各个角落的病原体。不过，在这样的大融合中，我们现在知道只有一种新的病原体，原来局限在一个偏远的地方，然后扩散开来，导致了可怕的全球流行病：那就是带来艾滋病的人体免疫缺陷病毒（HIV-1）。通过艾滋病流行的例子，科学家和非科学家都在警告我们，其他病原体也许会产生同样的威胁。在那些可能的病原体中，我们熟悉的有奇异出血性病毒（如埃波拉

（Ebola）病毒和马堡（Marburg）病毒）；蚊子携带的西尼罗河病毒；汉塔病毒（最近，它在美国西南部引发了"四角"病）；引发疯牛病和相关人类疾病的朊病毒（prion），新发现的变异克雅氏（Creutzfeld-Jakob）病毒。[1] 不过这些忧虑都是多余的。这些病原体虽然对病人来说很可怕，但不会产生全球性的危害。它们完全不具备那样的特性。西尼罗河病毒不可能从人向蚊子传播。埃波拉病毒在外部环境下不能长期生存，不可能在人群中形成致命的感染链。朊病毒只有通过非常的而且可以控制的行为（如食人肉和角膜移植）才能在人群中传播。

　　真正的威胁来自那些已经在我们身边的病原体，有的在吞噬我们的生命，有的可能还会增强致命的能力。假如现在在牵涉疾病感染原因的证据是可靠的，那么我们正在因为可怕的全球流行的疾病而失去自己的生命，如心脏病、中风、阿尔茨海默症和癌症 —— 它们都源于要命的然而却被我们忽略了的感染。我们一直在为几只迷路的小猫担心，却不知道自己的身后跟着美洲豹。在未来的半个世纪，我们将最终发现那些美洲豹，而且至少有办法阻击其中的几只。

---

1. HIV来自黑猩猩的SIV；1992年人们在巴尔干山探险时感染马堡病毒；1993年美国流行汉塔病；1995年扎伊尔爆发埃波拉出血热；1996年英国爆发疯牛病；1999年在美国发现西尼罗河病毒（1937年在乌干达尼罗河西部地区发现的一种奇怪病毒，主要由鸟类携带，通过蚊子传播。1999年，美国有人因为这种病毒死亡，才引起大家的关注。2002年蔓延40个州，2003年8月又在美国扩散）；2003年中国流行SARS …… 最近，科学家们发现，我们的免疫系统的第一道防线有可能将Ebola病毒引入我们的细胞（据2003年6月26日 Nature 消息）。所有这些例子似乎都是在人与自然的新关系中产生的，关于它们的未来，我们现在的任何预言可能都没有意义。

埃沃德（Paul W. Ewald）

埃沃德（Paul W. Ewald）是 Amherst 学院生物学教授，他帮助创立了进化论医学，为它在世界许多大学做过专题演讲、讨论班和学术会议。他是《感染性疾病的进化》（*Evolution of Infectious Disease*）的作者（被誉为本学科出现的分水岭），还写过一本《瘟疫时代：隐藏的感染如何引发癌症、心脏病和其他致命疾病》（*Plague Time: How Stealth Infections Are Causing Cancers, Heart Disease, and Other Deadly Ailments*）。

译后记

译者
2003 年 8 月 25 日
海南岛上，科罗旺台风下

20 世纪的教育似乎自然而然地分化为人文学科与自然科学，20 世纪的文化也就是 C.P.Snow 1959 年在同名著作里概括的"两种文化"：文艺家和科学家。他惊奇地发现，20 世纪 30 年代的人文学者们喜欢说自己是"知识分子"，仿佛没有别的人了，连冯·诺伊曼、爱丁顿、爱因斯坦、玻尔等也都不算。原因是科学家没有很好地让人们了解他们的工作，没有成为报刊杂志的主角。1963 年，在《两种文化》的第二版里，Snow 猜想会出现"第三文化"，两个文化间的距离会拉近，文艺家能与科学家对话。近年来，许多科学事情确乎发生在人文学者的头上，所以，John Brockman 认为真的出现了第三种文化，具体表现就是科学家为大众写他们的发现，并且跟我们的现实世界联系起来。过去属于哲学家和诗人的领地，如今被科学家抢占去了。科学家眼光向前，改变世界，而哲学家和诗人还跟在他们前辈的身后。1991 年，Brockman 借 Snow 的"第三文化"的名词，表达了不同的意思。在他看来，"文艺家没有跟科学家交流，而是科学家直接与大众交流。传统的知识媒体做的是流水作业：知识分子写（write down），记者编（write up）；第三文化的思想者们不充当中间角色，而是以能为广大读者所接受的方式表达他们深刻的思想。"在引言里，Brockman 重复了自己的定义，第三文化"由那些科学家和经验世界的其他思想家组成，他们通过自己的工作和通俗的作品，正在取代传统知识分子的地位，让我们更真切地感觉生活的意义，重新认识我们是谁、是什么。"他主持的"边缘网"（www.edge.org）就是第三文化的一个舞台（有关第三文化的材料和那些科学家的讨论，都可以在那个网站看到），读者面前的这本书，就是25个第三文化的精英们联合演出的一出多彩的大戏。

这是一出传统剧目，我们已经看过了许多。在新世纪的起点，"我们谁不想揭开未来世界的帷幕，窥探下个世纪科学发展的奥秘？"1900年，希尔伯特向未来数学提出23个问题的时候，开口说的就是这句话；百年以后，又一个大数学家斯梅尔（Stephen Smale）为21世纪提出了18个问题（其中也有希尔伯特的老问题）；1998年，Schlumberger-Doll研究中心成立50周年时，邀请了一些科学家来会谈未来50年的科学与社会。他们报告的论题是：暴胀宇宙、太阳能、基因工程和互联网、富勒烯（C-60）材料、公共研究与工业、基因组与社会、全球变暖。我们这里看到的，是25个科学家谈"21世纪前50年的科学"（原书的副标题）。所谈的问题尽管也有人类永远好奇的宇宙和数学的问题，但更多的是关于我们自己的，如生命、意识、心理、道德、幸福、智慧、学习、遗传、医药、疾病……这一群第三文化的精英似乎要把我们对未来的幻想从天空拉回我们的生活。

的确，尽管科学在专业水平上离开我们越来越远，但它产生的结果和影响却离我们越来越近。远离我们的，会慢慢改变我们对自我和宇宙的认识（50年当然太短了）；走近我们的，每天都在改变我们每个人的生活和学习。正如科普作家T.Ferris在《谈科学普及》的演讲里说的，"科学还年轻。怀特海（Alfred North Whitehead）估计，一个新的思想模式渗透进一个文化的核心，需要1000年，而科学成为人们持续关心的事业，才不过500年。然而科学至少已经通过技术的、知识的和政治的三条途径，给世界带来了许多改变。"科学需要每一个人来感觉和加入那些改变。

25个科学家在这里想让大家明白的，就是那些改变；也许是"新文化"的特征，他们的谈话总的说来是小心翼翼的，没有多少浪漫的特别大胆的猜想，所预言的东西今天几乎都能看到影子。不过，我们还是可以听到一些令大脑兴奋的东西，如数学的量子化；基因活动的芯片；通过光经过空间的变化来检验引力的量子理论；重建侏罗纪公园；流动的信息束；超越我们的大脑的机器……而最惊人的，也许是Rodney Brooks的一句话，甚至可能超过当年达尔文宣布人是猴子的后代："我们把自己作为一个物种的观念将发生改变；我们会发现自己不过是生产系统的一个部分而已。"

当然，同样的问题，不同科学家会有不同的预言。例如，Smolin在《宇宙的未来》里只提出了几个久远的问题，而不像Thorne在《时空未来》那样浪漫地为即将来临的未来预写一章编年史；他预言量子计算将在未来50年成为现实，而有人认为未来量子理论的形式和基础需要更多"经典"方式的研究。Dawkins的"小摩尔定律"预言DNA排序速度会以指数形式增长，而更乐观的人认为它可能是"超指数"的——在2050年以前，会出现上万的转基因生物，我们的花园里会出现几千种陌生的花草树木。一些悲观的论调也可能令读者提不起精神来。例如，心理学家Paul Bloom说，"也许道德思想或意识的本性根本就超出了我们的理解力，不是因为它们处在什么特殊神秘的地位，而是因为我们没有理解那些事物的能力。我们大概像在努力理解微积分的狗。"另外还有很多"热的"问题没有谈到，例如大地、海洋、沙漠、市场、经济、战争。就是说，他们谈了很多自我，但几乎没有谈自我生存的环境。看来，还需要更多的科学家走上第三文化的舞台。

读者当然也会有自己的问题，而且应该提出自己的问题，这也是未来需要我们做的。（本来这是希尔伯特和爱因斯坦等前辈告诉我们的，可惜我们的学校没有听老人家们的话。）Roger C. Schank 重新提出了教育的问题。在他看来，"新生的虚拟学校将取代现在的那些学校""50 年后的人可能会笑话我们今天还有老师、课堂和书本。""教育将意味着，从两岁开始就在智慧 —— 能回答问题并能提出新问题 —— 指导下探索有意义的世界。一个个新的天地将向着好奇的孩子敞开。在这样的社会，教育关心的是你走进了什么样的虚拟（后来成为现实）的世界，在那些世界学会了多少事情。"他幻想的学习场景，大概是如今在校的同学（大同学和小同学）所向往的（至少比考试的课堂更讨人喜欢）。

本书最给人留下深刻印象的大概是未来的生活方式，而我们也许已经有了一点经历。翻译最后一篇《征服疾病》的时候，SARS 来了，似乎在挑战作者的信心："尽管我们现在担心会突然出现什么新的可怕的席卷全球的疾病，我们还是有理由相信，在未来的半个世纪，像艾滋病那样的毁灭性疾病的恐慌，也许没有，也许有一个 —— 很可能没有。"我们不知道"也许有"哪一个，SARS 似乎还不够可怕，但这个新世纪的过客真的为我们的生活带来了新世纪的些许色彩，让我们多少体验了未来生活的滋味。有的人因为恐惧而抑郁；有的人躲在小屋里，通过电话或电脑买东西；学生对着电脑屏幕上课 …… 在大洋的彼岸，5个从中国实习回去的大学生被隔离起来。一个同学说，"我真想躺在椅子上看8个小时的电视 —— 可要是72小时都那样，就一点儿也不好玩儿了。"如果说过去替科学担心的是战争与和平的选择，那么未来替科学担心的可能是虚拟与现实的平衡。

这是25个人写的书，涉及很多的学科，本该由那些学科的专家来翻译，但我们不可能找那么多的人。幸运的是，我们现在的学习生活已经在"第三文化"的氛围里面，译者可以一边学习一边翻译。像书里讲的，"知识从四面墙壁涌来 …… 是很容易获得的，只要你能大声地说出想知道的东西，四面的墙壁就能有回应"—— 虽然今天的四壁还没有隐藏那么多的宝藏，但是我们有专门的著作、期刊、百科全书，还有Internet和各种大众传播媒介。另外，如引言说的，"在这本书里，科学家并不是为了迎合大众才写得普及的，他们那样写，是为了吸引我们时代的论战中的其他学科的同行们。他们的目标不是科学的普及，而是一种努力的尝试，为的是不仅让广大的读者理解最新的科学研究，而且在科学本身的意义下把它说得通俗易懂。"因此，译者觉得有义务在传达文字之外还传播一点文化背景。那些背景的东西是"常识"，专家们当然不能在沙龙漫谈里罗嗦；也因为是常识，它们的来源也很多。学习和寻找来源的过程，可能也是未来学习生活的一个主要经历。虽然"寻章摘句"、"引经据典"是"传统的"学习，是未来的学习者可能嘲笑的对象，但是从读书的角度说，它似乎还有一定的需要。所以，译者在添加每一点注释的时候，都尽可能参考了不同来源的资料，并且尽可能利用原始的材料，所以注释里出现了许多引号；但是，一般情况下没有把出处写出来，以免离题太远；有时自己也发挥一点，不一定完全符合原来的某家之言；有时候指明了参考文献，包括专业论文和普及读物，供有兴趣的读者参考。我们能共享这些东西，要感谢所有传播它们的专家，其实他们早就走进第三文化的天地了。